KB129380

아이는
자유로울 때
자라난다

상상하고 창조하는 힘이 길러지는 자연예술 놀이법

아이는 자유로울 때 자라난다

카린 네우슈츠 지음
최다인 옮김

꼼지락

|차례|

3장 흉내 내고 만지고 배우는 나이 : 1~2세

4장 말하고 관찰하는 나이 : 3~4세

7장 창조적인 아이로 성장하기 위해 필요한 것

8장 좀처럼 놀지 못하는 아이라면

놀이는 아이가 세상을 배우는 통로다

화창한 여름날, 우리 아이들이 노는 모습을 보고 있던 때의 일이다. 즐겁게 놀던 아이들이 장난감을 두고 다투기 시작하기에 나는 그러지 말고 라즈베리를 따러 가자고 했다. 잠시 뒤 우리는 장난감은 전부 집에 두고 양동이 하나만 챙겨 출발했다.

라즈베리 밭에 도착하자 아이들은 금세 기분이 좋아졌다. 배가 터지도록 라즈베리를 먹더니 다시 어울려 놀기 시작했다. 도랑에서 바싹 마른 나뭇가지를 발견한 큰아이는 신이 나서 외쳤다.

"이것 봐, 공장같아! 안에는 뭐가 들어 있게?"

"당연히 라즈베리 주스지!"

둘째가 답했다. 그러더니 아이들은 돌멩이를 트럭 삼아 라즈베리를 나르고 열매를 으깨 나뭇가지에 붓는 시늉을 했다. 짤막한 잔가지들은 공장 직원이 되어 이리저리 바삐 움직였다. 아이들은 웃으면서 내게 멋진 공장을 보여주었고, 무언가 굉장한 것을 만들어낸 양 자랑스러워했다.

사실 굉장한 일을 해낸 것이 맞다. 아이들은 사실상 아무것도 없는 상태에서 라즈베리 공장을 창조했다. 여태껏 수많은 어린이가 해왔듯이 우리 아이들도 상상력으로 작은 사람 모형을 만든 것이다. 작은 나뭇가지나 돌은 살아 움직이고 걸어 다니는 가장 단순한 형태의 장난감이라고 할 수 있다.

어린이는 강력한 상상력을 발휘해 노는 능력이 있기에 복잡한 장난감보다 단순한 자연물을 선호한다. 스카프로 감싼

베개를 아기인 양 돌보고 구겨진 신문지에 끈을 매 강아지처럼 끌고 다니면서 논다. 그래서 비싼 돈을 들여 장난감을 사준 부모가 실망하는 일이 종종 생긴다. 우리 아이들은 나무토막에 '하비'라는 이름을 붙이고 장난감 유모차에 소중하게 재웠던 적이 있다. 내가 만들어준 헝겊 인형은 유모차에서 매몰차게 쫓겨나 바닥에 내팽개쳐지고 하비만이 사랑을 독차지했다.

부모는 아이가 엄마, 아빠를 행복하게 하려고 노는 것이 아니라는 점을 기억할 필요가 있다. 아이는 부모가 장난감을 사준 것에 감사를 표하기 위해 노는 것이 아니다. 아이는 놀아야 하기 때문에, 애초부터 그런 존재이기 때문에 논다. 놀이는 아이가 성장하고 발달하는 데 매우 중요한 수단이다. 아이는 엄마나 아빠의 흉내를 내며 여행을 하고 장을 보고 건물을 짓는 시늉을 한다. 놀이를 통해 어른의 세계를 탐색한다.

아이들이 하비에게는 인형 옷을 곱게 입히면서 내가 만든 헝겊 인형은 바닥에 버려둔다고 속상해하면 안 된다. 오히려 엄마의 영향력에 저항할 정도로 아이들의 상상력이 강하다는 사실에 기뻐해야 할지도 모르는 일이다.

그러던 어느 날, 하비는 벽난로 속에 던져지는 신세가 되었다. 내가 난로에 장작을 넣는 모습을 보는 순간 딸의 눈에 하비가 다시 평범한 나무토막으로 보였던 것이다. 하비는 그렇게 사라졌다.

"아, 하비가 타버렸어. 하지만 금방 다시 돌아올 거야."

딸은 담담하게 중얼거렸다.

"그래, 돌아올 거야."

장난감으로 삼을 나무토막이나 베개는 얼마든지 있다는 점을 생각해 대답했다. 하지만 뜻밖에도 딸은 두리번거리며 헝겊 인형을 찾았다. 이제는 다시 그 인형이 아쉬워진 모양이었다.

왜 아이는 꼭 그렇게 묘한 물건을 가지고 놀려고 할까? 왜 부모가 골라준 시중에서 파는 장난감에 만족하지 않을까? 어쩌면 이는 생생한 상상력을 마음껏 활용하려는 아이 내면의 강력한 욕구 때문일지도 모른다. 아이는 스스로 '창조'하기를 원하지 그저 '소비'하기를 원하지 않는다. 종이나 크레파스, 빈 상자, 천, 담요, 나무토막, 가죽, 베개 등 다양한 소재와 놀이에 활용할 적당한 소품만 있으면 아이는 언제든지 라즈베리 주스 공장을 뚝딱 만들어낸다. 간략한 특징이나 형태를 지닌 장난감을 주면 모자란 부분은 상상력으로 얼마든지 채울 수 있다.

이 책에서는 궁극적으로 어린 시절 적당한 양분을 공급받으며 자란 상상력은 성인이 된 뒤의 삶, 나아가 다른 사람과의 관계를 형성하는 방식에 영향을 미친다는 점까지도 살펴볼 예정이다.

아이는 무언가를 새로 배우자마자 그 능력을 시험하고 놀이에 활용한다. 그리고 점점 더 어려운 과제에 서슴없이 도전한다. 걷기를 배운 아이는 춤을 춰보려고 하고, 말하기를 배운 아이는 뜻 모를 말을 쏟아내며 노래를 불러보려 애쓴다. 혼자 옷 입기를 터득하고 나면 나름대로 멋지게 차려입거나 그저 재미 삼아 옷을 거꾸로 입기도 한다.

'나'라는 말이 자기 자신을 가리킨다는 사실을 막 깨달은 만 3세 아이는 찍찍거리는 생쥐나 아기인 척하는 놀이를 시작한다. 역할 바꾸기를 통해 '나'라는 존재의 한계를 시험하는 셈이다.

자기 집에 익숙해지고 가구나 깔개 등이 무엇에 쓰는 물건인지 배운 뒤 이 물건을 활용해 일상을 모험으로 재창조하고 싶어 안달이 난다. 바닥은 바다로, 깔개는 섬으로, 의자는 조각배로 변신한다. 커튼을 치면 밤이 되고 커튼을 걷으면 금세 아침이 온다.

아이는 리드미컬한 반복을 통해 자신이 터득한 기술을 갈고닦는다. 놀이는 아이가 삶에 발을 들이는 통로다. 아이는 항상 어른의 모습과 행동을 눈으로 좇으며 언젠가 어른이 될 날을 대비한다.

만 5~6세에 이르면 아이의 정신세계는 큰 그림을 이해할 수 있을 정도로 확장한다. 어른이 어떤 행동을 하는 이유에 관심을 보이고, 스스로 활동을 할 때도 뚜렷한 목적의식을 드러낸다. 아이는 놀이를 통해 삶에서 마주치는 모든 것을 이해한다. 학교, 병원, 가족, 극장 등 세상 모든 것이 놀이에 등장한다. 이 나이 또래 어린이는 어른이 되면 하는 일, 또는 삶 전체에 대해 상상하기 시작한다.

만 7세 전까지 아이는 자기 몸을 이해하고 제어하는 데 엄청난 에너지를 소비한다. 그러다 7세가 되면 이 에너지를 상상력에 투자할 수 있게 된다. 기억력도 비약적으로 발달한다.

이성적으로 사고하고 미래에 관해 생각하는 일이 가능해지며 시간 개념도 생기기 시작한다. 학교에 들어가면서 규칙에 따라 놀이를 하고 다른 아이와 협력하는 법을 배운다.

만 9~10세는 연구에 눈뜨는 시기다. 세상의 구조와 체계를 이해하고 싶어진 아이는 기계를 조립하고 집의 단면도를 그리고 공장이나 통신 설비를 구상한다. 자기만의 관심사를 찾아내 전문가가 되어 자료를 수집한다. 스스로 컸다고 여기기 시작하면서 예전보다 쉽게 어른을 비판하고 대들거나 말썽을 부리기도 한다. 그러다 이내 실질적으로 순수한 의미에서의 놀이를 그만두게 된다.

요약하자면 어린 시절에는 몸을 성장시키고 신체 능력을 개발하는 데 집중하느라 상상력을 제대로 발휘하기가 어렵다. 만 6~7세가 돼서야 자기 몸에 익숙해져 상상력도 탄력을 받기 시작한다. 아이가 지닌 상상력은 이제 창조성과 감수성 같은 내적 활동으로 바뀌기 시작한다. 이 상상력은 10대에 들어 발달하는 정신적 능력, 즉 명확한 사고와 독특한 발상의 기초가 된다.

나이에 따라 아이의 놀이가 어떻게 달라지는지 파악하면

양육에 큰 도움이 된다. 하지만 놀지 못하는 아이, 놀고 싶은 마음이나 놀 에너지가 없는 아이, 또는 놀이를 즐기지 못하고 무작정 덤비거나 뛰어다니기만 하는 아이도 있다. 어떻게 하면 이런 아이를 도울 수 있을까?

아이가 문제를 겪는 원인을 찾으려면 항상 부모 자신을 먼저 돌아봐야 한다. 아이가 영감을 얻고 삶의 기쁨을 끌어내는 원천은 바로 부모의 존재 자체다. 아이는 무엇을 하든 항상 부모 주변을 맴돌고, 모든 면에서 부모를 닮고 싶어 한다. 그러므로 부모가 아이를 이끌어주려면 먼저 자기 자신에게 주의를 기울일 필요가 있다. 아이 주변에 있는 어른이 적극적이고 즐겁다면 아이도 그렇게 자랄 가능성이 높다.

아이를 위해 천천히 시간을 들여 차분하게 인형을 만드는 것은 아이에게 다가가는 데 좋은 방법이 된다. 나는 인형을 받을 아이를 떠올리며 바느질을 한다. 내가 인형 안에 꿰매 넣은 사랑과 관심을 아이도 틀림없이 느낄 수 있으리라 믿는다.

이 책은 나이에 따라 아이가 노는 방식이 어떻게 달라지고 환경과 주변 사람에게 어떤 영향을 받는지를 교육자인 내 경험에 비추어 설명한다. 특히 아동심리학과 교육학, 특히 발도르프 학교를 창설한 루돌프 슈타이너Rudolf Steiner와 관련 연구에서 큰 영향을 받았다. 슈타이너의 교육 이념에 따라 세워진 발도르프 학교의 교육 방식에서도 여러 가지를 배웠다. 그리고 이 모두를 하나로 조화롭게 통합하려고 노력했다. 덧붙여 인형 만들기의 세계로 나를 인도해준 기셀라 리세르트Gisela Richert에게도 상당한 빚을 지고 있음을 밝힌다.

마지막으로 이 책에서 다루는 발도르프 인형은 세계 여러 곳에서 이미 오랫동안 많은 사람이 만들어온 털실, 헝겊 인형이라는 점을 강조하고 싶다. 이런 인형은 발도르프 유치원에서 널리 쓰이기는 하지만 발도르프 학교의 전유물은 아니므로 일반 가정에서도 톡톡히 제 몫을 해내리라 생각한다. 이런 인형을 만드는 방법을 자세히 알고 싶다면 내가 쓴 책인 《손바느질로 만드는 인형Sewing Dolls》《봉제 인형 만들기Making Soft Toys》《창조적인 뜨개질Creative Wool》을 참고하기 바란다.

1장

아이에게 인형은 왜 특별할까?

일상적인 장난감이 되기까지

인형의 역사를 정확히 파악하기란 쉽지 않다. 고대 인형은 수백 년에서 심지어 수천 년 전에 나무와 진흙으로 만들어진 상태로 발견되었다. 인간이 도구를 사용하기 전에 살던 어린아이는 사람과 비슷하게 생긴 돌멩이나 나무토막을 가지고 놀았으리라 추정된다. 있는 재료로 적당히 만들어진 단순한 인형은 흔했을 것이다. 하지만 놀다가 망가지거나 싫증이 나면 버렸을 것이므로 지금까지 남아 있는 것은 거의 없다. 만약 고고학자가 헝겊 조각과 나무토막을 함께 발견해도 이것이 원시적 형태의 봉제 인형인지 아닌지 알아낼 방법은 없다.

따라서 인형의 역사란, 비교적 최근 몇 백 년 동안 만들어진 장식 인형의 역사를 가리킨다. 16~18세기 서양 사회에서 인형은 주로 나무와 밀랍, 또는 종이 반죽으로 만들었다. 얼굴에는 대체로 밀랍을 입혀 매끄러운 피부와 우수에 젖은 표정을 표현했다. 그래서 이 시기의 인형을 불 가까이 가져가는 것은 금물이다. 고급 인형은 1800년대에 전성기를 맞았다. 특히 프랑스의 의상점들이 인형을 값비싼 옷의 모델로 활용하면서 인기가 높아졌다.

19세기에는 프랑스와 독일을 중심으로 유약을 칠한 포셀린 인형과 유약을 칠하지 않고 구운 비스크 인형이 유행했다. 몸통은 성인 신체 비율에 맞춰 천이나 가죽을 소재로 제작되었다. 어린이를 본뜬 인형은 19세기 중반 이후가 되어서야 등장하기 시작했다.

20세기 초, 셀룰로이드와 플라스틱의 등장은 인형 제작의 판도를 완전히 바꿔 놓았다. 이제 인형은 대량 생산이 가능해졌고, 집집마다 하나씩 갖출 수 있을 만큼 가격이 내려갔다. 그전에는 포셀린 인형 머리만을 구입하고 몸통은 천으로 직접 만들어 붙이는 집이 많을 정도로 비싼 물건이었다. 고급 인형은 거실 선반 위에 높직이 자리했고 건드릴 수 없는 완벽한 존재였다. 아이는 고급 인형 대신 집에서 만든 헝겊 인형을 가지고 놀았다. 고급 인형은 손님의 찬사를 받기 위한 장식품이었고 특별한 일이 있을 때만 선반에서 내려왔다. 아이는 화려하고 만질 수 없는 인형을 가지고 노는 환상을 품었을 것이다.

부모가 자리를 비웠을 때 아이는 몰래 인형을 선반에서 내리지 않았을까? 나는 세계 여러 문화권의 아이들이 아무도 보지 않을 때 집에 모신 신앙적 인형, 주물 등을 몰래 가지고 놀았으리라 생각한다. 이런 '인형'은 어른이 소중하게 보관했기에 아이는 특별한 힘이 있는 물건이라고 여겼을 것이다.

그러다 갑자기 플라스틱 인형이 쏟아져 나오기 시작했다. 플라스틱 인형이 매우 흔해지면서 어른은 예전처럼 인형을 소중히 여기지 않게 되었다. 인형이 망가지면 새로 사면 그만이었다. 그때서야 인형은 일상이 되었다.

새로 등장한 플라스틱 인형은 고급 인형과 헝겊 인형을 모두 대체했다. 이제 어른은 아이를 위해 인형을 직접 만들 필요가 없어졌다. 축음기도 흔해져 노래를 불러줄 필요가 없어졌고, 텔레비전과 라디오로 인해 이야기를 들려줄 필요도 없어졌다.

하지만 집에서 인형을 직접 만드는 전통은 아직 완전히 끊어지지 않았다. 창작 활동을 원하는 성인이 늘어나면서 수공예가 다시 인기를 얻고 있어 인형 만들기 역시 한쪽에서는 새롭게 주목받고 있다.

독일 슈투트가르트에 최초로 세워진 발도르프 학교에서는 아이가 유치원과 집에서 가지고 놀기에 적합한 장난감을 고심하다 전통문화로 눈을 돌렸다. 발도르프 교육자는 20세기 초반, 중부 유럽의 농촌 가정에서 흔히 볼 수 있었던 옷 입히기 인형에서 큰 힌트를 얻어 발도르프 인형을 창안했다.

발도르프 인형의 특징을 가장 잘 보여주는 것은 바로 머리 부분이다. 동글동글한 얼굴에 과장되지 않은 표정을 가진 이목구비가 표현된다. 몸통은 지역이나 시기 등에 따라 다양한 방법으로 만들어진다.

발도르프 학교에 다니는 아이는 수업 시간에 바느질을 하고 몸통에 솜을 채워 넣으며 인형 만드는 법을 배운다. 아이는 예나 지금이나 인형을 만드는 과정을 통해 인간을 닮은 형상을 만들어내는 것이 얼마나 멋진 일인지 깨닫는다.

옷 입히기 인형에서 창안한 발도르프 인형.

단순한 인형으로 놀아야 하는 이유

세상에는 온갖 모양과 크기의 인형을 모아 집에 장식하거나 전시장을 만드는 인형 수집가가 있다. 전시된 인형은 유리 진열장 안에 앉아 방문객을 슬픈 눈으로 내려다 본다. 몰래 인형을 꺼내 놀아줄 아이도 없다. 인형을 모으는 사람은 어린 시절 인형을 마음껏 가지고 놀지 못했던 경우가 많다. 이들은 인형과 놀고 싶다는 욕망을 수집가라는 이름으로 해소한다.

장난감 가운데에서도 인형이 특별한 이유는 사람을 닮았기 때문이다. 인형은 자아를 찾는 데 도움을 준다. 인형 친구에게는 가장 내밀한 생각, 슬픔과 기쁨을 이야기할 수 있다.

아이는 인형의 도움을 받아 어려운 현실에서 벗어나는 상상을 하거나 새로 태어날 동생을 맞이할 준비를 하기도 한다.

인형은 라틴어로 '푸파pupa'이며, 영어로 '푸파pupa'는 '나비처럼 변태를 겪는 곤충의 번데기'를 의미한다. 실로 멋진 상징성이 아닌가. 번데기에서 나비가 태어나듯 인형에서도 생명력이 발견될 수 있다. 어떤 아이는 인형을 만날 때마다 그 안의 나비를 꿰뚫어 본다. 이런 아이는 모든 동물이나 인형에게 강하게 공감하고 보살필 줄 안다. 반면 특별한 인형 하나를 정해 어린 시절 내내 소중히 간직하는 아이도 있다.

부모는 진짜 사람을 대하듯이 인형을 조심스럽게 다루는

모습을 보일 필요가 있다. 아이가 인형을 때리거나 함부로 다루도록 내버려 둬서는 안 된다. 인형은 사람을 본뜬 형상이므로 아이가 사람을 때려도 괜찮다고 잘못 생각할 수도 있기 때문이다. 인형과 사람 모두에게 다정한 보살핌이 중요하다.

인형의 얼굴은 아이에게 커다란 영향을 미치는 중요한 요소다. 스웨덴어로 인형을 가리키는 단어는 '도카docka'인데 '감아 놓은 털실'을 뜻하며, 인형이 지녀야 할 단순함을 잘 표현하고 있다.

인형은 아이의 놀이를 제한하는 것이 아니라 놀이에 따라 유연하게 바뀔 수 있어야 한다. 플라스틱 인형에 그려진 고정적인 미소는 인위적 인상을 남겨 아이에게 좋지 않은 영향을 미친다. 반면 발도르프 인형은 눈과 입을 점으로만 단순하게 표현해 아이가 상상력을 발휘할 여지를 제공한다. 또한 아이의 기분에 따라 다른 표정으로 보일 수 있다. 바비 인형과 같은 플라스틱 인형은 불가능하지만 발도르프 인형은 심지어 성별이 바뀌는 것도 가능하다.

아이가 코가 있는 인형을 좋아한다면 점 하나만 만들어주

면 된다. 왜 인형에 손가락이 없는지 의아해하면 실로 몇 바늘 꿰매 손가락을 표시하면 충분하다. 발도르프 인형에는 "응애, 응애!"라고 듣기 괴로운 소리를 내는 기계 장치도 들어 있지 않다. 이런 장치는 어떻게 그런 소리를 내는지 궁금해진 아이가 안을 들여다보려고 인형을 해체하는 결과를 부를 때가 많다.

나는 아직도 어린 시절 가지고 놀던 고무 인형 뒤편에 달린 마개를 보고 느꼈던 꺼림칙하고 언짢은 기분을 생생히 기억한다. 인형에 들어간 목욕물을 빼내는 데 필요한 장치였다. 그 사실을 알아도 불편한 기분이 사라지지는 않았다. 내게는 그 마개가 내 인형을 망치는 결함으로 보였기에 만든 사람을 용서할 수 없었다. 인형 등에 글자를 인쇄한 것도 마음에 들지 않았다. 나는 지금도 가끔 내 등에서 똑같은 부분이 가렵다고 느낀다.

아이는 가장 아끼는 장난감에서 강한 영향을 받는다. 그러므로 부모, 양육자, 또는 교육자로서 건전하고 긍정적인 영향을 미치는 장난감을 신중히 고를 필요가 있다.

2장

안정감이 필요한 나이 0~1세

신생아의 눈으로 본 놀라운 세상

신생아에게 삶은 마치 꿈처럼 느껴진다. 아기는 아직 자신을 보호하는 방법을 모른다. 부모를 전적으로 의지하며 부모의 팔 안에서 쉬고 보살핌을 받는다.

아기는 안정감과 따스함이 확보되면 주변으로 눈을 돌린다. 그리고 '나는 어디에 있지?'라며 궁금해한다. 아기는 가만히 누워 방 안의 분위기를 살핀다. 색깔과 빛, 소리, 움직임, 냄새 같은 자극은 음식만큼이나 꼭 필요한 요소다. 아기는 아직 자기 몸 안과 바깥을 명확하게 구분하지 못하기 때문에 모든 것을 흡수한다. 주변에 있는 사람의 상태, 또는 생각과 감정은 곧바로 전달되어 커다란 영향을 미친다.

갑자기 큰 소리가 나거나 추워지면 깜짝 놀라고 그 결과 혈관이 수축한다. 그러면 다시 체온을 올리는 데 많은 에너지를 사용해야 하므로 다시 편안해질 때까지 외부 환경에 신경 쓸 여력이 없어진다. 갑작스럽거나 지나친 감각 자극은 세상을 탐색하는 것을 방해한다. 그러므로 어린 아기가 지나치게 강한 감각 자극에 노출되지 않도록 보호해야 한다. 예를 들어 침대는 연한 파스텔 색조로 꾸미고 아기방 주변에서는 시끄러운 소리를 내지 않는 편이 바람직하다.

아기에게는 일정한 주기와 반복도 매우 중요하다. 특정 패턴으로 반복되는 일상은 자기 자신을 인식할 수 있는 배경이 된다. 첫 몇 개월간 아기에게는 부가적 자극이 필요하지 않다. 보살핌을 받기, 엄마나 다른 양육자와 함께 지내기, 집 안의 여러 공간을 구경하기, 가끔 산책을 다녀오기 정도면 충분하다.

아이의 시각에서 세상을 바라보는 시도는 아이의 욕구를 이해하고 제대로 보살피는 데 큰 도움이 된다. 아기의 기분을 느껴보고 싶다면 바닥에 누워보자. 팔다리를 조금 움직이거나 고개를 좌우로 돌릴 수 있지만 몸을 뒤집지는 못한다.

그리고 주변 사물이 무엇인지 전혀 모른다고 상상하자. 가구와 커튼, 조명 등을 단지 다양한 형태와 색상으로 인식하려고 시도해보자. 이 얼마나 놀라운 세상인가! 천장에 빛이 비치기도 하고 때로는 어두워지는 것조차 신기하다. 성인의 지적 능력을 잠시 치워두면 흘러 들어오는 감각적 자극을 맛볼 수 있다.

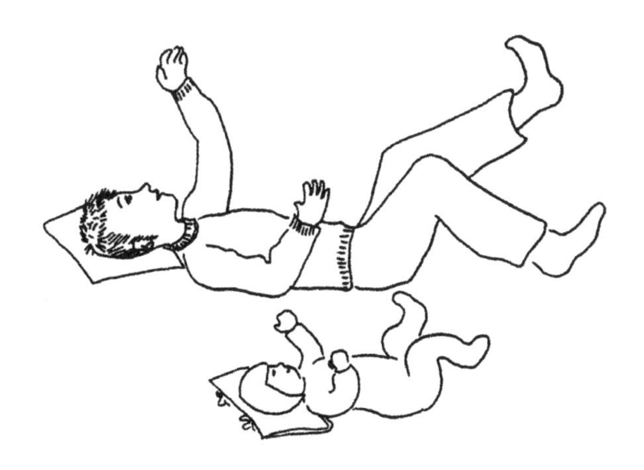

유아 교육용 장난감은 필요 없다

세계 여러 문화권에서는 엄마가 집안일을 할 때 흔히 아기를 업거나 안고 돌아다닌다. 그러나 여의치 않은 상황이라면 대안으로 바퀴 달린 바구니에 아이를 눕혀 데리고 다니는 방법이 있다. 아기는 깨어 있는 시간이 점점 늘어나는데, 바구니를 낮 전용 침대로 활용하면 누운 채로도 엄마의 움직임을 눈으로 좇을 수 있다.

낮 동안 아이를 뉘어 두는 장소로 잠자는 침대를 사용하는 것은 바람직하지 않다. 조용히 자는 공간과 활동적인 낮 공간이라는 두 가지 환경을 아기가 구분하게 해줘야 한다.

아기를 낮 동안 침대에 혼자 내버려 두면 외로움과 실망감을 침대라는 공간과 연관시킬 수도 있다. 아기의 처지가 되었다고 생각해보자. 당신은 깨어 있는 시간 동안 침대에 혼자 남겨졌다. 머리와 팔다리를 제외하고는 움직일 수도 없고 말도 할 줄 모른다. 따뜻하고 익숙한 사람의 주변으로 가고 싶은 마음이 간절하다. 소리를 질렀더니 다행히 누군가가 와준다! 하지만 그 사람은 침대에서 꺼내주기는커녕 당신이 지루하다고 지레짐작하고 침대 위에 흔들거리는 모빌을 달아준다. 현란한 빨간색과 파란색, 노란색 물체가 눈앞에서 흔들거리는 바람에 그 사람도 방 안도 잘 보이지 않는다.

당신은 매우 실망한다. 바퀴 달린 바구니에 누워 엄마와 같은 공간에 있었다면 엄마가 움직이는 모습을 바라볼 수 있었을 것이다.

내가 보기에 소위 유아 교육용 장난감은 전혀 필요하지 않다. 아기는 원래부터 주변 환경 탐색하기를 좋아한다. 왜 엄마가 심각한 얼굴을 하고 있는지, 왜 침대가 따뜻한지, 왜 배가 아픈지 알아내려고 열심히 노력한다.

어린이집에는 흔히 커다란 거울이 있다. 이는 아기가 자연스레 주변 환경에 집중하는 데에 방해가 된다. 아주 어린 아기는 자신이 어떤 모습인지 알 필요가 없다. 오히려 '나는 여기에 있는데 왜 저기에도 있지?'라는 혼란만 불러일으킬 뿐이다. 또한 아기가 거울 보는 것에 익숙해지면 거울을 보고 얼굴을 찡그리기 시작한다. 거울 안의 자신을 의식하면서 그에 맞춰 어색하게 행동한다. 타인의 눈으로 자신을 보는 법을 알게 되어 순수함과 자연스러움을 잃고 만다.

아기가 자신이 누구인지 알아내는 데에는 거울이 아니라 다른 사람의 존재가 필요하다. 교육용 장난감의 제작자는 아이가 적절히 발달하고 앞서 나가려면 여러 제품이 필요하다고 부모를 설득하려 애쓴다. 그러나 아기는 자기 손가락과 발가락을 만지며 놀고, 뒤집기를 연습하고, 담요나 이불의 감촉을 느끼고, 소매를 잡아당겨 보고, 종종 바뀌는 자기 옷 색깔에 감탄하는 것만으로도 충분한 자극을 받는다.

또한 아기에게 무엇보다 필요한 것은 어른과의 애정 어린 접촉이다. 엄마나 아빠가 안아줄 때면 아기의 삶은 무척 풍부해진다. 잡아당길 수 있는 머리카락, 손가락으로 찔러볼 수 있는 커다란 코, 하얗고 반짝이는 물체가 잔뜩 달려 있고 열렸다 닫혔다 하며 재미있는 소리를 내는 신기한 구멍인 입이

눈앞에 펼쳐진다. 간질간질한 털에 둘러싸여 열리고 닫히는 동그란 점인 콧구멍도 두 개 있다. 게다가 불쑥 나타나 안고 쓰다듬고 간질이고 박수 치고 신기한 모양을 만드는 손가락과 손은 더 말할 것도 없다.

또 어른의 옷차림은 계속 바뀐다. 단추나 리본, 목걸이, 팔찌, 시계 등이 호기심을 자극한다. 때로는 익숙지 않은 생김새와 냄새, 목소리를 지닌 커다란 사람이 등장하기도 한다.

산책하러 나갈 때조차 아기가 지루할까 봐 걱정하는 사람이 많은 듯하다. 이들은 옆이 막혀 아기를 보호해주는 유모차

대신 아기가 경치를 감상하기 좋도록 삼면이 뚫린 유모차를 선택한다. 또는 아기 시선이 닿는 곳에 알록달록한 플라스틱 장난감을 매달아 구름이나 집, 울타리와 나무를 가린다.

외출 시 가장 중요한 점은 아기가 깜짝 놀랐을 경우에 얼른 진정시킬 수 있도록 아기와 계속 눈을 맞춰야 한다는 것이다. 그래서 아기를 아기띠에 넣어 앞쪽으로 안는 자세가 가장 좋다. 그렇게 하면 바깥 소음 속에서도 아기에게 부모의 목소리를 들려줄 수 있다.

산책에 관해 마지막으로 한 가지 더 조언하자면, 가능한 한 노리개 젖꼭지는 쓰지 않도록 하자. 아기가 젖꼭지를 입에 물면 길가의 풍경이나 소리에 주의를 기울이기보다 자기 자신에게 집중하고 반쯤 잠든 상태가 되기 쉽다. 노리개 젖꼭지는 잠자기 전에만 주는 것이 바람직하다.

아기가 앉을 줄 알고 기어 다니는 단계에는 모든 것을 만지고 맛보며 탐색하고 싶어 한다. 이 또래 아기에게는 나무 숟가락이나 작은 병, 상자, 구겨진 종이, 공, 털실 뭉치 같은 일상용품이 장난감으로 적합하다. 굳이 새로운 물건을 찾으려고 애쓸 필요가 없다. 익숙한 물건을 다른 장소에서 건네주기만 해도 아기는 새로움을 느낄 수 있다. 아니면 아기가 한동안 가지고 놀던 나무 숟가락을 약간 다르게 생긴 숟가락으로 바꿔줘도 된다. 아기는 대개 '숟가락이 변했다'는 사실에 흥미를 보인다. 하지만 끊임없이 새 물건을 제시하면 아기가 오히려 피곤해할 수도 있다.

아기가 돌아다니기 시작하면 집 안에 있는 전선 같은 위험한 가구를 만질 수가 있다. 이 시기의 아기는 쉽게 주의가 분산되는 것을 이용해 끈 달린 신발이나 나무 블록이 든 상자 등이 준비된 안전한 공간으로 데려가보자. 아기는 맛보고 소리를 듣고 만지고, 들어 올리거나 당기는 등 모든 감각을 동원해 물건들을 탐색할 것이다.

2장 요약

- 아기는 해로운 자극에서 자신을 보호하지 못한다. 따라서 부모는 아기에게 편안하고 안전한 환경을 만들어줘야 한다.
- 아기에게는 장난감보다는 사람과의 따스한 접촉이 필요하다. 거울이나 교육용 완구는 아기에게 혼란을 줄 뿐이다. 가장 좋은 장난감은 아기 자신의 몸과 어른의 손, 얼굴, 옷이다.
- 기어 다니는 아기는 집 안을 자유롭고 안전하게 탐색할 수 있어야 한다.

0~1세 아기에게 알맞은 놀이와 장난감

아기에게 장난감이 필요 없더라도 무언가 소소한 것이나마 꼭 주고 싶다면 다음과 같은 것을 추천한다.

- 매듭 인형

연한 색상 천으로 쉽게 집어 들 수 있을 만큼 작게 만든다. 매듭 인형은 다양하게 활용이 가능하며 면이나 실크, 합성섬유 등 여러 가지 천으로 만들 수 있다. 사각형 천 가운데에 솜이나 헝겊 조각을 넣고 묶어 머리를 만들어주면 손쉽게 기본 형태가 완성된다.

- 단순한 모빌

파스텔 색상 습자지를 뭉쳐 나무 막대에 실로 매단 다음 기저귀 교환대 위에 달아준다. 종이로 만든 공은 바람에 가볍게 흔들리며 빛에 따라 조금씩 다른 색으로 보일 것이다. 앞서 언급한 원색 모빌과 달리 이 모빌은 집중력을 해치지 않고 생활환경에 부드럽게 녹아든다.

- 코바늘뜨기로 만든 딸랑이

코바늘뜨기로 원기둥 끝에 공이 달린 형태를 만든다. 안에 솜이나 헝겊 조각과 함께 방울을 고정한 다음 꿰매 닫는다. 아기가 방울을 삼키면 몹시 위험하므로 혹시라도 방울이 튀어나오는 일이 없도록 주의한다.

• 폭신한 헝겊 공

타원형으로 자른 펠트 네 조각을 준비한다. 천 뒷면이 앞으로 오게 해서 조각을 서로 연결하고 창구멍을 남겨 둔다. 뒤집은 다음 세탁한 양모나 털실 뭉치, 순면 등으로 안을 채우고 창구멍을 막는다. 한 손으로 다룰 수 있을 만큼 작게 만드는 것을 잊지 말자.

매듭 인형.

3장

흉내 내고 만지고 배우는 나이 1~2세

아이는 부모의 거울이다

아이는 어른의 행동을 따라 한다. 모방하는 이유는 어른처럼 되고 싶다는 욕구 때문이다. 주변에 서 있는 사람이 한 명도 없다면 아이는 일어서는 법을 배우지 못할 것이다. 부모가 행복하면 아이는 안심한다. 부모가 걱정하면 아이는 불안해한다. 부모가 즐거우면 아이도 마음껏 뛰논다.

그렇기에 부모가 지닌 책임은 막중하다. 아이를 잘 돌보는 법, 적절한 자극을 주는 법 등 이론을 섭렵해도 정작 부모가 스트레스를 받아 잔소리만 늘어놓는다면 제대로 된 육아에는 도움이 안 된다. 아이가 모방하고 흡수하는 것은 부모가 보여주는 모습 자체이기 때문이다.

일단 아이가 일어서서 걷는 법을 배우면 기어 다니느라 바빴던 어깨와 팔이 해방된다. 이제 똑바로 서서 걸을 수 있게 된 아이는 자신이 주변 어른들과 더 비슷해졌다고 느낀다. 그리고 새로 생긴 능력을 이용해 예전에는 손이 닿지 않았던 물건들을 탐색하기 시작한다.

신기하게도 아이는 무언가를 손에 들고 있을 때 더 쉽게 걷는다. 무언가 붙잡을 것이 있다는 느낌 자체가 균형을 잡는데 도움이 된다. 아이가 걷기에 자신감이 붙을수록 몸가짐이 장난스러워진다. 춤을 추려거나 뛰어오르려고 시도하기도 한다. 또 엄마, 아빠를 방에서 방으로 따라다니며 즐거워한다.

에밀리라는 18개월 된 여자아이가 있다. 에밀리에게는 오빠가 있다. 오빠와 엄마가 집을 청소할 때면 에밀리는 여러 물건을 들고 아장아장 뒤따라 다닌다. 에밀리는 물건을 가지고 다니며 여기저기로 옮긴다. 하지만 엄마와 오빠는 에밀리가 왜 그러는지 영문을 알지 못한다. 사실 에밀리는 엄마와 오빠가 물건을 치우는 행동을 따라 할 뿐이다. 왜 물건을 옮기는지는 이해하지 못한 채 겉으로 보이는 동작을 흉내내는 것이다.

에밀리는 책을 펼치고 앉아 이마에 작은 주름을 잡으며 읽는 시늉을 하기도 한다. 책에 시선을 고정하고 잠깐 훑어본 후 책장을 넘기고 다음 페이지를 들여다본다. 에밀리는 책장 넘기는 행동이 무척 마음에 든다. 엄마와 아빠를 관찰해 책 읽기가 진지한 활동이라는 것도 안다.

만 2세 무렵까지 에밀리는 수많은 것을 배운다. 빗자루는 구석에, 컵은 주방에, 쓰레기통은 탁자 아래에 두어야 함을 인식한다. 엄마, 아빠는 에밀리가 깔끔하다고 칭찬하고, 오빠는 자기 물건을 동생이 헤매지 않고 가져다주는 데 놀란다. 하지만 에밀리의 깔끔한 성격 때문은 아니다. 단순히 특정 물건이 특정 장소에 속한다는 규칙, 다시 말해 집에 있는 수많은 물건이 혼돈에서 인식 가능한 패턴으로 변했다는 것이 즐거운 것이다.

이제 물건을 어디에 두어야 할지 알게 된 에밀리는 규칙을 가지고 놀기 시작한다. 치약을 수저통에, 신발을 침대에 두거나 바지를 머리에 뒤집어쓰며 장난을 친다. 이런 놀이가 무척 재미있다고 생각하는 에밀리는 왜 다른 가족이 자기만큼 웃지 않는지 이해하지 못한다.

에밀리는 우리 딸이 자라는 모습을 보고 만들어낸 예시지만, 어떤 아이나 비슷한 단계를 거친다. 영어의 흥미라는 뜻인 '인터레스트interest'라는 단어는 '사이에 낀'이라는 라틴어 '인테레세interesse'에서 나왔다. 이 단어는 아이가 원하는 바를 정확히 표현한다. 아이는 항상 부모와 부모가 하는 일 사이에 고개를 들이밀고 같이하려고 든다. 부모가 청소를 하면 작은 양동이와 걸레를 들고 돕겠다고 나서고, 빵을 구우면 옆에서 반죽을 주무른다. 하지만 부모가 청소를 할 때 반죽을 만지거나, 빵을 구울 때 양동이를 드는 것은 별로 재미가 없다. 설거지를 할 때면 딸은 자기도 하겠다고, 그것도 굳이 부모가 쓰고 있는 개수대를 같이 쓰겠다고 고집을 부린다. 바느질을 하면 헝겊 조각과 어린이용 바늘을 달라고 조른다.

어느 날 나는 헝겊 인형을 만들며 볼 부분에 빨간 크레파스로 색을 입히고 있었다. 딸은 30개월이 되었을 무렵이었는데 그 모습을 빤히 바라보다 자기 방으로 쏙 들어갔다. 그러고는 한동안 조용하더니 갑자기 구슬프게 우는 소리가 들려왔다. 아이 방에 가보니 인형 얼굴이 새빨갛게 크레파스로 범벅이 되어 있었다. 다행히 천에 묻은 크레파스는 비교적 쉽게 지워졌다.

이처럼 아이는 부모가 하는 대로 행동한다. 아이가 부모의 특성을 빼다 박은 듯이 닮은 경우도 흔하다. 자세가 구부정한 부모는 아이에게 자세가 나쁘다고 나무랄 수 없다. 부모가 청소를 할 때 장난감과 인형을 상자에 아무렇게나 담는다면 아이가 장난감을 함부로 다루는 것도 무리가 아니다. 부모가 책에 메모를 하거나 귀퉁이를 접는 모습을 보면 당연히 아이도 거리낌 없이 책에 낙서를 하고 책장을 마구 접을 것이다. 아이가 부모를 그대로 따라 하는 이유는 부모를 사랑하고 부모처럼 되고 싶기 때문이다.

만 1~2세 아이가 사랑하는 사람 가까이에 있으려는 또 다른 이유는 시야에서 벗어나 보이지 않게 된 사람이 실제로 사라졌는지 아닌지 아직 모르기 때문이다. 그래서 아이는 까꿍 놀이를 그토록 좋아한다. 어른이 잠깐 숨었다 다시 나타나면 그렇게 반가울 수가 없다. 이 놀이를 하면서 아이는 엄마, 아빠가 다시 자신에게 온다는 사실을 배운다.

같은 이유로 이 나이대 아이와 숨바꼭질을 할 때는 아이가 겁먹을 수도 있다는 점에 주의해야 한다. 손위 형제나 자매가 너무 잘 숨어버리면 어린 동생은 영원히 사라진 것일까 봐 불안해한다. 어린아이와 숨바꼭질을 하려면 숨는 사람이 항상 똑같은 곳에 숨어서 찾는 시간을 스스로 조절할 수 있게 해주는 편이 좋다. 2세 이전의 아이는 실제로 숨고 찾아내는 과정보다 잠시 헤어졌다 만나는 것 자체에 재미를 느낀다.

그림과 춤의 닮은 점

18개월 된 애나에게 크레파스가 생겼다. 크레파스를 물건에 대고 움직이면 무언가가 나타난다는 사실을 깨닫는다. 애나는 아직 크레파스를 종이에 대고 그려야 함을 모르지만, 점차 배우게 될 것이다.

어쨌거나 애나는 단단한 크레파스 하나와 커다란 종이 한 장을 받았다. 처음에는 가볍게 손을 휘두르고 결과물에 놀라 눈을 동그랗게 뜬다. 그러다 조금씩 대담해져 더 기다란 선을 그어본다. 손놀림이 더 빨라지고 힘이 세진다. 커다란 8자 모양을 그리는가 하면 지그재그로 선을 겹쳐 긋기도 한다. 끝없이 이어지는 소용돌이도 등장한다. 이제 애나는 틈날 때마다 그림을 그리고 싶어 한다.

애나의 난생처음 그림 그리기에서 몇 가지 사실을 알 수 있었다. 첫째로 그만한 또래의 아이에게는 블록 크레용같이 굵고 단단해 부러지지 않는 화구를 줘야 한다는 점이다. 연필이나 볼펜으로는 아이가 원하는 만큼 힘을 줘 그릴 수 없다.

애나의 그림을 떠올려보자. 애나가 그리는 모습은 아이가 방 안을 뛰어다니는 패턴과 닮았다. 바닥이 아닐 뿐이지 종이 위에서 펼쳐지는 춤과도 같다. 또 소용돌이치는 물과 행성의 궤도, 바람과 식물의 형상처럼 보이기도 한다. 어쩌면 아이는 생각보다 자연에 관해 더 많은 것을 본능적으로 알고 있는지도 모른다.

애나에게 아직 물감으로 그리기는 무리다. 수채 물감은 붓을 물에 담갔다가 물감에 찍은 다음 종이에 그리는 데, 이 단계는 애나가 이해하기가 어렵다. 물감 순서를 이해하려면 대체로 만 3세는 되어야 하며, 처음에는 한 색깔만 사용하는 편이 좋다. 적당한 시기가 되었을 때 커다란 붓과 수채 물감을 마련하고 색이 자연스럽게 번져 섞일 수 있도록 물에 젖은 도화지를 준비해 그리게 하면 된다.

물감을 손에 묻혀 그리게 하는 것은 그리 바람직하지 않다. 색깔은 만질 수 없고 섬세하며 순수한 빛과 같다. 빛과 색깔은 눈으로 즐기는 것이다. 굳이 손으로 물감을 만지게 해 혼란을 줄 필요는 없다고 본다.

은은한 색의 장난감 주기

아이는 선명한 색상을 좋아한다는 통념이 있다. 놀이터나 어린이집은 강렬한 원색과 화려한 무늬로 가득하다. 차분한 공간을 찾기 어렵다.

색깔과 빛은 몸을 키우는 양분이다. 몸의 세포 하나하나 색과 빛의 영향을 받는다. 예를 들어 인공조명 아래에서 지나치게 오래 있으면 실제로 몸에 해롭다. 사람들은 노란색 방과 빨간색 방에서 확연히 다른 기분을 느낀다. 또 사람의 감정을 묘사할 때 '새빨간 정열'이나 '시커먼 우울'처럼 색상을 활용한 표현을 자주 쓴다.

인간의 눈은 색을 구분하는 능력이 경이로울 정도로 뛰어나다. 인간의 다른 능력과 마찬가지로 색을 구별하는 감각은 날카로워질 수도, 무뎌질 수도 있다. 색을 받아들이는 훈련에는 짙고 강렬한 색보다 연하고 은은한 색을 자주 접하는 편이 더 좋다.

내친김에 색에 대해 조금 더 알아보기로 하자. 괴테Goethe는 다른 업적에 비해 잘 알려지지는 않았으나 20년간 인간 지각에 기반을 둔 색채론을 연구했다. 괴테는 주관적 심리 보색 개념을 도입한 색상환을 만들었다. 그의 색상환에는 빨강, 노랑, 파랑의 삼원색이 있다. 원색의 맞은편에는 각 색상의 보색인 초록, 보라, 주황이 있다. 이웃한 원색을 섞으면 이 보색

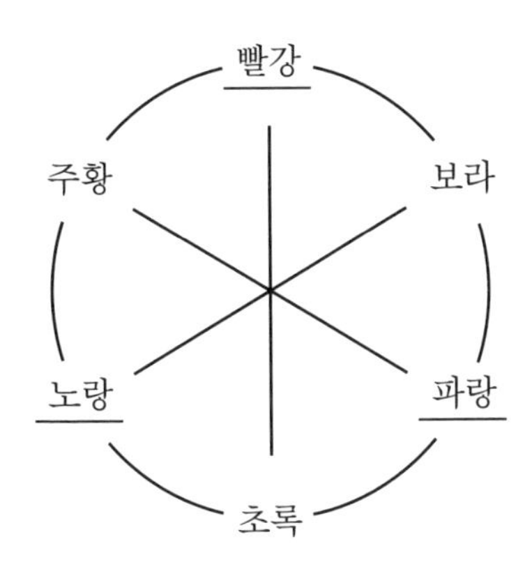

들이 나온다. 노랑과 파랑을 더하면 초록, 빨강과 파랑을 더하면 보라, 빨강과 노랑을 더하면 주황이 된다. 삼원색을 한꺼번에 섞으면 갈색이나 회색이 나온다.

햇빛 안에는 색 스펙트럼 전체가 존재한다. 인간의 눈은 스펙트럼에서 빠진 부분을 채워 넣는 매우 뛰어난 능력이 있다. 예를 들어 파란색 종이 한 장을 흰색 배경에 놓고 1분가량 뚫어지게 바라본 다음 시선을 흰색 배경으로 옮겨보자. 흰색 위에 떠오른 주황색 잔상이 보일 것이다.

이것은 눈이 파란색을 바라보는 동안 머릿속에서 반대 색상인 주황을 만들어내기 때문이다. 어떤 색상을 볼 때마다 머릿속에는 보색이 함께 떠오른다.

아이는 보색 잔상 현상을 강렬히 체험하므로 좋아하는 장난감과 인형의 색깔은 중요한 의미를 지닌다. 아이의 방에 페인트를 칠할 때 아이가 색깔을 빛으로 인식할 수 있게끔 반투명한 색상을 사용해보자. 이렇게 하면 페인트 아래의 질감이 비쳐 보여 답답하거나 생기 없는 느낌이 들지 않는다. 표면에서 은은한 농담이 느껴지는 색은 아이의 상상력을 자극한다.

원래 소재가 드러나 보이도록 광택제만 발라 마감한 장난감도 추천할 만하다. 특히 나무 장난감은 진하고 불투명한 페인트를 칠하면 독특한 나뭇결이 모두 가려져버린다.

양모와 나무 VS 플라스틱

제이콥은 만 2세다. 그는 소풍 놀이를 준비하며 가져가고 싶은 물건을 한꺼번에 들 수 있는지 시험해본다. 커다란 블록이나 아빠의 회사 가방을 들어 올려본다. 성공하면 숨을 크게 내쉬며 의기양양해진다.

제이콥은 물건의 부피와 모양, 소재를 보고 무게를 가늠하는 법을 배우는 중이다. 이 기술을 터득하는 데에는 여러 해가 걸린다. 어른이 되어도 가끔 잘못 판단하거나 겉모습에 깜박 속아 넘어가는 일이 생긴다.

물건의 무게를 가늠하는 과정을 돕고 싶다면 오해의 소지가 있는 정보를 주지 말아야 한다. 하지만 사실 플라스틱은는 아이를 헷갈리게 한다. 커다란 플라스틱 블록을 보라. 실제 무게보다 훨씬 무거워 보인다. 플라스틱 인형은 또 어떤가? 속이 텅 빈 껍데기일 뿐이다.

인형이 폭신하면서도 무게감이 있다면 품에 안을 때 따스함이 느껴진다. 폭신한 인형은 소꿉놀이를 할 때 아이가 훨씬 쉽게 감정을 이입할 수 있다. 소꿉놀이를 통해서 일종의 반응을 받을 뿐 아니라, 안고 자기에도 좋다.

양모를 채워 넣으면 손쉽게 이런 인형을 만들 수 있다. 양털은 열기를 잘 머금고 인형이 망가져도 아이에게 해롭지 않다. 그리고 합성섬유 솜이나 스펀지보다 무겁고 불에도 더 강하다. 양모는 인형을 만들 때 가장 알맞은 소재다. 생물에서 나온 자연 소재인 모직물은 부드럽고 따뜻하며 때가 잘 타지 않기 때문이다. 하지만 안타깝게도 모직은 비싸고 인형의 피부 표현에 적합한 원단이 잘 나오지 않아서 면직물을 대신 써야 할 때가 많다.

양모와 면처럼 단순한 소재를 이용해 직접 인형을 만드는 것은 여러 장점이 있다. 아이가 인형 안에 무엇이 들어 있는지 궁금해서 인형을 해체하는 불상사가 일어나지 않는다. 그리고 인형이 만들어지는 과정을 직접 볼 수 있다는 점도 매력적이다. 인형뿐만 아니라 인형을 만들어준 사람에게도 더욱 애착을 느낄 수 있기 때문이다.

손으로 다양한 촉감을 느끼다

아이는 손을 통해 많은 것을 배운다. 다양한 질감과 구조를 손가락으로 만져보기를 좋아하기 때문이다. 아이는 잠자리에 들 때 종종 뭔가 부드러운 것을 손에 쥐고 싶어 한다. 이때 인형이 자동차 장난감이나 보트 장난감, 또는 블록과 비슷한 소재로 만들었다면 다른 촉감을 경험할 기회를 빼앗긴다. 아이 주위에 플라스틱 장난감밖에 없다면 메마른 환경에서 살아가는 것과 마찬가지다. 게다가 플라스틱에는 음색도 없다. 나무와 유리, 금속과는 달리 플라스틱은 두드리면 죽은 소리가 날 뿐이다.

나무 블록은 거짓 없이 충실하다. 딱 눈에 보이는 만큼 무겁다. 그리고 여러 가지 모양으로 제작할 수 있다. 고치거나 색을 칠할 수도 있는 나무 자동차는 오랜 세월 동안 아이의 결을 지킨다. 나무 장난감은 다양한 품종을 소량으로 생산한다. 반면 플라스틱 장난감은 값비싼 기계로 같은 제품이 대량으로 생산된다.

아이는 한 번에 움켜잡을 수 있고 단순한 형태를 지녔지만 조금씩 모양이 다른 물건을 모으는 것을 좋아한다. 삭막한 도시에서도 솔방울이나 나뭇가지, 도토리, 조약돌 따위를 감동적일 만큼 정성 들여 모은다. 이런 것들을 직접 만져보는 경험은 매우 중요하다. 텔레비전에서 보는 것만으로는 솔방울이나 조약돌을 제대로 접했다고 할 수 없다. 아이는 다양한 물건을 직접 만져보고 체험해봐야 한다.

다양성이 중요하다면 모든 부품이 규격에 맞춰 제작된 레고 같은 장난감은 어떨까? 레고에는 도토리와 같이 자연스러운 다양성은 없지만, 엄청나게 다양한 제품이 나와 있으므로 당연히 아이들의 상상력을 자극하는 데 좋지 않을까?

레고가 집짓기 놀이에 적합하다는 것은 사실이다. 하지만 문제는 반드시 레고 자체의 규칙을 따라야 한다는 데 있다. 제이콥이 레고 블록으로 쌓기 놀이를 하는 모습을 관찰해보자.

블록이 서로 딸깍 끼워지는 느낌이 나면 그 상태로 고정된다는 사실을 알아낸다. 이제 빠르게, 하지만 어떤 의미에서는 무심하게 블록을 쌓아 올린다. 손은 같은 동작을 계속 반복할 뿐이다. 기본 블록만 놓고 보면 이 블록을 저 블록에 끼울 수 있을지 고민할 필요가 없다. 블록 조각을 눌러서 끼우면 된다는 규칙 안에 이미 갇히고 만 것이다. 또 블록을 거꾸로 또는 옆으로 놓으려 하면 떨어지고 만다는 사실을 알기에 시도조차 하지 않는다.

이번에는 목공소에서 가져온 여러 가지 모양의 나무토막으로 쌓기 놀이를 하는 제이콥을 살펴보자. 나무토막은 모양이 각각 다르다. 우선 토막을 하나씩 손에 들고 살펴보며 무게를 가늠하고 손과 눈으로 얻은 정보를 조합한다. 떨어지지 않게 쌓으려면 어디에 나무토막을 놓아야 할지 무의식적으로 검토하는 과정이 필요하다. 그 뒤에야 조심스러운 손길로 토막을 올려놓고 떨어지지 않도록 세심히 가다듬는다.

제이콥의 예를 살펴보면 모양이 불규칙한 나무토막이 레고보다 훨씬 풍부한 경험을 선사한다는 사실이 분명히 드러난다. 게다가 나무토막은 모양을 바꾸거나 못을 박아 연결하거나 페인트를 칠할 수 있고, 심지어 싫증이 나면 땔감으로 쓸 수도 있다.

나무토막은 레고보다 훨씬 섬세한 손놀림을 요구하고, 각기 모양이 다른 나무토막으로 무언가를 만들어내려면 더욱 유연한 상상력이 필요하다. 그러므로 아이가 온종일 레고만 쌓아올리며 논다면 좀 더 다양하고 여러 가지 능력을 발달시키는 데 도움이 될 만한 놀잇감이 없는지 찾아보는 것이 바람직하다.

유아기에 자연을 활용해 놀기

자연은 유아기 활동에 무궁무진한 소재가 된다. 4대 원소인 공기, 불, 물, 흙은 물론이고 해, 달, 별, 계절도 원천이 된다.

아이는 탁자 위에 가벼운 깃털이나 작은 솜뭉치를 올려놓고 훅 불어 날리는 놀이를 좋아한다. 바람 부는 날이면 연을 날리기도 한다. 종이비행기를 접거나 바람에 흔들리는 장식을 만들 수도 있다. 또한 바람개비를 만드는 것도 좋다. 하늘에서 떨어지는 눈송이나 낙엽을 쫓을 수도 있다.

불을 이용해 고구마나 감자, 밤을 구울 수도 있다. 직접 톱으로 켠 장작을 가지고 들어와 불 속에 넣으며 깜부기불 안에 무엇이 숨어 있을지 상상해보는 것도 좋다. 따스한 모닥불 위에서 음식이 익어가는 모습을 보며 재미를 느낀다.

여름 해변에 물길을 만들어서 양동이로 물을 퍼다 흘려보내거나 모래를 쌓아 섬나라를 만드는 놀이도 재미있다. 봄철 계곡에 놀러 갔다면 물레방아를 만들어보자. 실내라면 욕조 안에서 컵과 깔때기를 가지고 물을 쏟아붓는 것도 훌륭한 놀이가 된다.

어디에 살든 아이는 어김없이 흙투성이 비포장도로를 찾아낸다. 특히 비가 오고 나면 진흙 웅덩이에서 발을 첨벙대며 즐거워한다. 정원이나 텃밭에서는 흙을 파며 작은 벌레나 지렁이를 찾는다.

달과 별이 등장하는 이야기를 지어보거나 아름답게 빛나는 석양을 바라보는 것도 멋진 활동이다. 하늘을 나는 동물이나 불의 따스함, 바다를 순항하는 배, 땅속의 두더지 등 자연을 소재로 다룬 노래와 동화도 잔뜩 있다. 이런 노래나 동화를 모른다면 만들어내도 된다.

자연을 접하는 활동을 굳이 교육과 연결 지으려고 애쓰지 말자. 아이가 자연이 제공하는 것을 직접 맛보며 느끼는 순수한 즐거움을 망칠 수도 있다. 아직은 비가 왜 내리고 눈 결정이 어떻게 만들어지는지 설명할 때가 아니다. 코트에 달라붙어 신비한 꽃처럼 새하얗게 빛나는 눈송이에 감탄하는 아이를 김빠지게 할 필요는 없다.

유아기에는 아이가 자기만의 멋진 이미지를 간직하게 놓아두자. 아이에게 그런 이미지가 진짜이자 진실이기 때문이다. 때가 되면 아이는 진지한 얼굴을 하고 세상의 '진짜' 모습을 알고 싶어 하기 마련이지만, 당분간은 숫자와 과학보다 이미지를 제공하는 편이 낫다. 아이가 "바람은 얼마나 세게 불어요?"라고 묻는다면 부모는 "초속 20미터로 불어"라고 답하기보다 "나뭇잎을 날려 보낼 만큼, 때로는 커다란 나무도 쓰러뜨릴 만큼 세게 불어"라고 말하는 것이 좋다.

3장 요약

- 만 1~2세 유아는 눈으로 지켜볼 수 있는 작업을 하는 어른을 가까이에서 관찰할 필요가 있다.
- 또래의 아이는 목적을 이해하지 못하더라도 어른을 따라다니며 행동이나 자세를 모방한다.
- 아이가 휘갈겨 그린 그림은 아이의 움직임을 종이 위에 옮긴 것과 같다.
- 색깔은 곧 빛이며, 빛은 몸의 양분이다. 색깔은 주의 깊게 다룰 필요가 있으며, 미묘한 농담의 차이가 있는 색깔은 눈썰미를 발달시키는 데 좋다.
- 유아기에는 단순하고 파악하기 쉬운 자연 소재 놀잇감이 좋다. 그리고 자연 소재의 물건은 아이에게 거짓말하지 않는다. 무거워 보이는 블록은 실제로 무거워야 한다.
- 아이가 제작 과정을 직접 보았거나 만드는 방법을 알고 있는 장난감이 가장 좋다. 아이가 제작 과정을 도울 수 있다면 더할 나위 없다.
- 자연을 아이의 놀이 친구로 활용하자.
- 교육적 지도나 설명을 배제하고 아이가 삶 자체에서 배울 수 있게 하자.

1~2세 아이에게 알맞은 놀이와 장난감

- 매듭 인형
- 자루 인형과 옷이 붙어 있는 커버올cover all 인형(우주복 인형)
- 판지 · 나무 상자, 베개, 담요, 매트리스 등으로 만든 인형 침대
- 밀고 다닐 수 있고 쉽게 넘어지지 않는 인형 유모차
- 두 손으로 던질 수 있는 크고 부드러운 공
- 밑에 숨을 수 있는 놀이용 담요
- 아이 물건을 담을 커다란 바구니 또는 서랍
- 불규칙한 나무토막, 목공소에서 가져온 자투리 나무(조금 큰 아이는 직접 나무토막을 갈고 사포질하고 물감으로 칠한 다음 윤활제를 발라 만들 수도 있다)
- 흔들 목마
- 야외용 놀잇감 : 양동이와 삽, 공, 자연에서 찾을 수 있는 물건 모두!

자루 인형을 가지고 노는 아이의 모습.

4장

말하고 관찰하는 나이 3~4세

수많은 단어를 가지고 놀기

아이는 몸의 움직임을 제어할 수 있을 만큼 자라면 새로운 것에 도전하려 한다. 날아보려고 시도하다 떨어져서 깜짝 놀라기도 하고 재주넘기를 하거나 물구나무를 서기도 한다. 또한 경사진 잔디밭을 굴러서 내려가거나 그네를 배배 꼬면서 타기도 한다.

신체 발달과 함께 언어 능력도 부쩍 향상된다. 어렵사리 첫발을 떼는 것과 첫 단어를 입 밖에 내는 것은 시기가 거의 비슷하다. 이제 달리고 뛰어오를 수 있게 되면 동시에 노래를 부르고 운을 맞추는 데 재미를 느끼기 시작한다. 바야흐로 언어가 폭발하는 시기다. 아이가 쉴 새 없이 종알대는 말 가운데에는 진짜 단어가 아닌 것도 있다. 기어 다니던 시절 가구와 옷, 장난감의 '맛'을 알게 된 아이는 이제 자기가 말하는 언어의 '맛'을 보며 음절부터 억양까지 언어의 모든 것을 연습한다.

이때 어른의 역할은 수많은 단어를 제공하는 것이다. 단어는 돈도 들지 않고 마음대로 활용할 수 있는 장난감이다. 다양한 소리를 활용한 재미있는 단어일수록 좋다. 하지만 이맘때 아이에게는 귀엽다고 해도 유아어로 말하지 않는 편이 좋다. 부모가 명백히 아기 같은 말을 계속 사용하면 약을 올린다고 느낄 수도 있다.

또한 만 3~4세의 아이에게 운율이 있는 동시나 동요가 꼭 알맞다. 운율이 딱딱 맞는 동요를 부르면서 놀이에 열중하는 아이의 눈에는 생기가 넘친다. 사실 어른은 예로부터 전해 오는 동요 가사가 폭력적이거나 부적절한 내용이 있어 듣기 거북하다고 느끼는 경우가 종종 있지만, 아이들은 내용보다 운율에 관심을 기울이며 가사를 금방 외워버린다.

어린이집에서 집까지 노래를 부르면서 걸어오면 대화하는 것보다 한결 수월하게 갈 수 있다. 아이에게 "오늘 무엇을 했니?"라고 물으면 아이는 과거를 돌아보느라 지치기 쉽다. 또 "오늘 저녁에 뭘 먹고 싶어?"라고 묻는다면 아이는 미래를 상상하느라 발걸음이 느려진다. 하지만 지금 길가에 보이는 것들에 대해 노래를 만들면서 가면 아이는 현재에 집중해 씩씩하게 걸을 수 있다.

인형에서 '나'를 발견하다

만 3~4세의 아이는 인형과 놀며 감정과 경험을 말로 표현하는 법을 배운다. 인형 안에서 자기 자신을 만나고 상상을 통해 인형에게 생명을 불어넣는다.

인형 놀이는 매우 이른 시기부터 시작된다. 갓 돌이 지난 아기도 고개를 숙여 인형에게 뽀뽀를 하기도 한다. 두 돌이 된 아이는 머리든 다리든 상관없이 인형을 꼭 붙든다. 잘 시간이 되면 인형을 침대에 밀어 넣고 거칠게 담요를 덮어 꾹꾹 누른다. 일어날 시간이면 담요를 홱 들추고 인형을 잡아당겨 꼭 껴안은 다음 질질 끌고 다니며 논다. 그러다 보면 인형이 웅덩이나 욕조에 빠지기도 하고 흙투성이가 되거나 가구 밑

에 쑤셔 박히기도 한다. 요구르트 범벅이 되어 못 쓰게 될 때도 있고 완전히 잊힐 때도 있다. 만 1~2세 아이는 인형 옷 입히기에는 별 관심이 없다. 단지 특별한 모험을 함께할 친구가 필요할 뿐이다. 그러므로 이 또래 아이에게는 옷이 인형에 붙어 있는 '커버올cover all 인형(우주복 인형)'이 적당하다.

만 4세가 된 앤디는 자신과 똑같은 파자마를 입은 인형을 받았다. 앤디는 다정한 눈길로 인형을 바라보고 매일 밤 자기 옆에 소중히 눕힌다. 인형은 앤디와 함께 재미있는 일을 함께할 친구가 된다.

조금 더 자란 앤디는 인형에게 낙하산을 만들어주고 2층 창문에서 인형을 떨어뜨린다. 카우보이와 인디언 이야기에 재미를 붙일 무렵에는 인형에게도 인디언 의상을 마련해준다. 아파서 병원에 갈 때나 여행을 떠날 때도 늘 인형을 데리고 간다. 감기에 걸려 한동안 나가 놀지 못해 속이 상한 앤디는 인형을 유심히 바라보다 불현듯 이렇게 말한다.

"엄마, 인형은 코가 없어서 참 좋을 것 같아요. 감기에 안 걸리잖아요!"

운율과 동요의 묘미를 깨달은 아이는 인형에게도 운이 맞거나 발음이 재미있는 이름을 붙이고 즐거워하기도 한다. 인형에게 자기 이름을 붙이는 아이도 있다. 그야말로 인형은 '또 하나의 나'인 셈이다.

옷이 붙어 있는 커버올 인형.

절대 피해야 할 장난감

아이는 인형 외의 장난감도 갖고 싶어 한다. 동물 장난감을 사주려 한다면 의인화된 동물이 아니라 실제 동물처럼 생긴 것, 하지만 지나치게 자세하거나 사실적이지 않은 것을 골라야 한다. 그 동물의 가장 눈에 띄는 특징을 잘 살린 장난감을 택해야 한다. 예를 들면 진짜 거북과 똑같이 다리가 움직이는 나무 거북 같은 것이 가장 좋다.

특징을 과장되게 표현하는 캐리커처는 그리 알맞지 않다. 캐리커처가 재미있으려면 일단 원본이 어떻게 생겼는지 알아야 하지만, 만 3~4세는 아직 그런 단계가 아니다. 이 또래 아이가 사람을 그릴 때 어떤 모습인지 관찰해보자. 그리 세밀

하지 않고 특히 얼굴은 매우 단순하게 표현된다. 아이는 아직 사람의 얼굴이 각기 어떻게 다른지 자세히 관찰할 능력이 없다. 그런 능력은 인식이 더 자란 후에 생기기 때문에 애써 가르치려 할 필요도 없다.

유아용 장난감 중에는 얼굴을 여러 조각으로 나누어 놓은 퍼즐도 있다. 어떤 조각에는 입이, 다른 조각에는 눈이 그려져 있다. 하지만 원래 하나였던 것을 따로따로 떼어 놓는다는 추상적 개념은 아이에게 몹시 낯설게 다가온다. 게다가 얼굴이 여러 조각으로 나누어진 것을 보고 아픈 느낌을 받을 수 있다. 또 고양이의 귀만 그려진 조각을 집어 드는 일은 불편하고 꺼림칙한 느낌을 줄 수도 있다. 이보다는 사람이나 동물 전체가 그려진 조각을 들어 올리면서 가지고 놀 수 있는 꼭지 퍼즐이 훨씬 낫다.

꼭지 퍼즐의 한 종류.

퍼즐이나 그림에서 주의해야 할 또 다른 점은 두껍고 검은 윤곽선이다. 이런 선은 현실에 존재하지 않는다. 실제로는 나란히 놓였을 뿐인 두 물건 사이에 경계선이 있다고 착각하게 하는 것은 바람직하지 않다. 테이블 위에 얹은 손은 검은 선으로 둘러싸여 있지 않다. 단지 손과 갈색 테이블이 맞닿아 있을 뿐이다.

그림에서 '나'를 발견하다

앤디는 종이에 기다란 곡선과 소용돌이만 그리던 아이지만 이제 가위표와 동그라미를 그리는 데 집중하기 시작했다. 만 3세인 앤디는 동그란 원을 그리느라 애를 먹는다. 숨을 멈추고 신중하게 손을 놀린 다음 잘 그려지면 안도의 한숨을 내쉰다. 원은 닫힌 방과도 같으며 단일성과 온전함을 상징한다. 동그라미는 곧 자신이다. 앤디는 드디어 자기 안쪽과 바깥쪽 세계를 구분하는 법을 배우기 시작했다. 이제 앤디는 완전한 확신을 지니고 '나'라는 단어를 말할 수 있다. 어린 시절의 기억은 대개 이 시기부터 시작된다.

앤디의 그림에서 동그라미는 머리가 된다. 팔과 다리는 제

자리에 있지 않고 머리 바로 아래에 달려 있다. 나를 표현하는 동그라미와 아빠를 가리키는 동그라미가 달라야 할까? 앤디는 나와 타인을 표현하는 과정을 통해 자신의 자아와 다른 사람의 자아가 어떻게 연관되는지 파악한다. 앤디의 마음은 그런 연관성을 원하는 동시에 원하지 않는다. 이는 흔히 우리가 '아집'이라고 부르는 심리 상태다. 앤디는 자신의 자아 한계이자 경계가 어디인지 어느 정도 알아내고 나면 안정감을 찾는다.

만 4세가 된 앤디는 이제 그림을 그릴 때 망설임 없이 쭉쭉 선을 긋는다. 종이 위에 나타난 선을 보면 다음에 뭘 그릴지 아이디어가 떠오른다. 앤디는 종이 위에 나타난 그림을 보고 마치 자기가 그린 것이 아닌 양 감탄을 금치 못한다.

"이건 흔들흔들하는 배예요! 그리고… 우와! 점이 잔뜩 있어요! 병에 걸린 걸까요? 그리고 깃발이 펄럭이는 걸 보니까 바람이 많이 부나 봐요. 배 밑에서 헤엄치는 건 뭘까요? 무서운 물고기예요!"

눈을 빛내며 아빠에게 그림을 묘사해준다. 몇 시간이 지나고 아빠가 다시 그 그림에 대해 묻자 앤디는 자랑스레 지도와 절벽, 비를 그린 그림이라고 설명한다.

"뭐?"

아빠는 깜짝 놀란다. 아빠는 오늘 아침에는 배와 물고기라고 하지 않았느냐고 묻고 싶은 것을 간신히 억누른다. 실제로 앤디 눈에 이제 그 그림은 배가 아니라 완전히 다른 것으로 보인다.

계속 변화하는 역할 놀이

이 연령대 아이의 놀이에서 변화와 변신은 빠질 수 없는 요소다. 아이는 별다른 도구 없이도 자유롭게 역할 놀이를 시작한다. 손위 아이가 동생들에게 이것저것 지시를 내린다.

"내가 아빠 할 테니 네가 엄마 해. 너는 아기를 하고 너는 강아지를 하면 되겠다."

이것만으로도 놀이는 바로 시작된다. 같이 놀 친구가 없다면 인형으로도 충분하다.

만 3~4세 아이의 놀이에서는 역할이나 연령 변화가 순식간에 일어나기도 한다.

"이제 네가 갓 태어나서 기어 다니는 거야. 아냐, 걸어 다닌다고 하자. 이제 내가 쇼핑을 가면 같이 가는 거야."

아이는 방 안을 둘러보고 무엇이든 놀이에 활용한다. 소파는 배가 되기도 했다가 담요를 덮으면 지붕을 씌운 집으로 변신한다.

이맘때 아이의 놀이는 주변 사물의 인상에 큰 영향을 받는다. 놀이를 하며 단어와 사물, 경험을 거침없이 자유롭게 섞어 활용하는 방식은 어른이 꿈을 꿀 때 겪는 의식의 흐름과 비슷하다. 아이는 주변 물건을 가져다 자기 기억과 적당히 혼합한다. 순간적 변덕, 숨겨진 욕구, 시각적 인상, 방 안의 가구, 신체적 경험, 방금 엄마가 한 말 등 여러 가지를 뒤섞어 놀이의 배경이 될 멋진 콜라주를 만든다. 놀이 중에 온갖 단어와 소리를 시험하며 그것이 쓸 만한지, 함께 노는 친구가 그 말을 이해하는지 확인한다.

변화하고 변형해서 놀기

오랫동안 한 가지 활동만 하는 것은 아이에게 해로울 수 있다. 예를 들어 산책 중에 아이에게 어른 발걸음에 맞춰 지루하게 걷기만 하게 하면 아이는 금방 지치고 만다. 놀이에서 아이를 앉혀두고 한 시간 동안 구슬을 틀에 끼우라고 하는 것도 바람직하지 않다. 아이에게는 적당한 움직임과 활기가 필요하다.

이 활동에서 저 활동으로 계속 옮겨 다니는 것은 집중력이 부족하다는 뜻이 아니다. 아이들은 본래 혈기왕성하다. 다른 곳에는 무엇이 있는지 확인하러 이 꽃에서 저 꽃으로 날아다니는 나비와도 같다. 그러다 조금 지나면 다시 첫 번째 꽃으로 돌아오기도 한다.

텔레비전과 컴퓨터에 대해 잠시 짚고 넘어가기로 하자. 텔레비전은 다양성과 움직임을 제공하는 듯 보이지만, 사실 보는 동안 아이는 가만히 앉아 있을 뿐이다. 텔레비전까지의 거리는 늘 같으므로 눈 근육도 거의 움직이지 않는다. 게다가 거울과 다르게 텔레비전에 비치는 이미지에는 깊이감이 없다.

컴퓨터 게임도 마찬가지다. 요즘 아이들은 일찍부터 컴퓨터 게임과 스마트폰 애플리케이션의 현란한 세계에 빠져들고 심지어 중독되기도 한다. 어린아이는 움직이고자 하는 본능적 욕구를 억누른 채 몇 시간이고 화면을 들여다보며 퍼즐 게임과 마우스 클릭에 열중한다. 일부 게임은 실제로 교육적 효과가 있을지도 모르지만, 아이가 가만히 앉아 지내는 시간에 제한을 두고 다양한 놀이를 경험하게 유도하는 것은 여전히 중요하다.

반복에서 오는 즐거움

아이에게는 균형이 필요하다. 아이가 움직임과 변화를 좋아한다고 해서 모든 것이 항상 변하기를 원한다는 뜻은 아니다. 오히려 반대로 한 이야기를 듣고 또 듣는 것과 같은 반복은 매우 중요하다. 이야기를 들려줄 때 지난번과 다른 표현을 쓰면 예민하게 눈치를 채며, 이미 알고 있는 패턴에서 즐거움과 안정감을 느낀다. 이미 아는 이야기에서는 괴물이나 거인이 나오더라도 용감하게 듣는다. 어떻게 끝날지 알 수 없는 처음 듣는 이야기는 너무 무서울 수도 있다.

만 서너 살 아이에게는 《칼데콧 컬렉션》(랜돌프 칼데콧 지음, 아일랜드), 《늑대와 일곱 마리 아기염소》(그림 형제 원작, 삼성출

판사), 《골디락스와 곰 세 마리》(마리 파뤼 지음, 달리), 《아기 돼지 삼 형제》(조셉 제이콥스 원작, 그린키즈) 등 단순하면서도 재미있는 이야기가 알맞다. 어른이 같은 이야기를 끝없이 반복하는 괴로움을 참을 수만 있다면 아이가 한정된 단어의 반복에서 재미를 느끼는 모습을 확인할 수 있다. 아이는 단어끼리의 연결, 또는 단어들이 이루는 리듬과 곡조를 파악하고 그것을 놀이에 활용한다.

짤막한 동요나 동시는 매일 밤 아이가 안심하고 잠들게 해주는 마법의 주문이다. 평일에 일정한 리듬을 지키고 주말에는 또 다른 리듬을 따른다면 아이는 곧 일주일이 순환한다는 깨달음을 얻는다.

또한 어떤 일을 자주 반복함으로써 세부 사항을 제대로 인식할 수 있게 된다. 예를 들어 일요일마다 같은 숲을 산책한다면 매번 더 자세한 부분에 주의를 기울이게 될 것이다. 처음에는 보지 못했던 신기한 벌레나 독특하게 생긴 꽃, 이리저리 구부러진 나뭇가지가 눈에 들어오고 새들이 지저귀는 소리나 쥐가 부스럭대는 소리도 들려온다. 마찬가지로 같은 이야기를 여러 번 들려주면 한 번 듣고 곧장 다른 이야기를 들을 때보다 훨씬 많은 것을 알아챌 수 있다.

그러나 신선함도 반복 못지않게 중요하다. 가끔 새로운 것을 보여줘 균형을 맞춰야 한다. 크리스마스마다 집에서 간단한 인형극을 열어준다면 한 해 동안 부쩍 자란 아이는 새로운 눈으로 인형극을 보고 신선함을 느낄 것이다.

어른은 종종 아이에게 넓디넓은 세상을 실제로 보여주고 싶어 조바심을 낸다. 재미있고 유익한 시간이 되리라 생각하며 아이들을 데리고 관광지며 박물관, 동물원을 찾는다. 동물원에서는 서둘러 걸으며 아이를 재촉한다.

"빨리 와! 그러다가 곰도 못 보고 가겠다!"

하지만 아이는 길을 가로지르는 개미를 관찰하느라 여념

이 없다. 동물원 안을 터벅터벅 걷느라 지친 채로 집에 돌아와 아이에게 무엇이 가장 좋았는지 물으면 아이는 개미라고 대답한다.

4장 요약

- 아이는 자기 몸을 통제할 수 있게 될 무렵 언어 능력도 부쩍 향상된다.
- 운율과 동요는 아이의 상상력과 언어 발달에 좋은 양분이 된다.
- 아이가 지금 여기, 다시 말해 '현재'에 집중하도록 돕자.
- 이 시기 아이는 캐리커처를 이해하지 못한다. 너무 사실적이지 않으면서도 동물의 본질을 잘 표현한 장난감을 마련해주자.
- 얼굴이나 몸을 조각조각 나누어놓은 퍼즐이나 굵고 검은 선으로 윤곽을 그린 그림은 피하자.
- 놀이에서는 변화와 변신이 핵심이며, 외부 환경은 놀이에 커다란 영향을 미친다.
- 한 가지에 치우친 활동은 아이를 지치게 한다. 아이가 정적 활동과 동적 활동을 번갈아가며 할 수 있게 유도하자.
- 반복은 안정감을 제공한다. 자기 전에 동요나 동시를 들려주면 아이가 잠드는 데 도움이 된다. 같은 노래를 여러 번 들으면 그 곡에 더 민감하게 반응한다.
- 아이와 함께 세상을 탐색할 때는 집과 우리 동네부터 시작하고 먼 곳은 나중으로 미루는 편이 낫다. 아이에게는 동물원에 가는 것보다 개미 관찰이 우선이다!

3~4세 아이에게 알맞은 놀이와 장난감

아이가 노는 데에는 많은 것이 필요하지 않다. 사실 어른이 무언가를 할 때 그 일을 함께하는 것을 가장 좋아한다. 미리 그려진 검은 선 안에 색을 칠하는 색칠 공부 책은 피하는 편이 좋다. 추천할 만한 장난감이나 놀잇감은 아래와 같다.

- 매듭 인형
- 크고 단순한 인형
- 입히고 벗기기 쉬운 인형 옷 몇 벌
- 판지로 만든 인형 침대, 나무 요람, 인형 유모차 또는 침낭
- 인형 침대에 깔 매트리스와 침대보, 담요(아이가 침대를 정리할 줄 알게 되었을 때)
- 인형에 꿰매 붙이거나 인형을 감쌀 여러 가지 옷감 조각
- 집을 만들거나 가장 놀이를 할 때 쓸 커다란 색색의 천
- 독특하게 생긴 모자, 낡은 핸드백, 액세서리
- 금박 종이, 색화지(습자지), 주름진 크레이프지, 무독성 풀
- 블록 크레용, 왁스 크레용, 커다랗고 두꺼운 종이
- 커다란 나무 트럭, 작은 자동차 몇 대

- 쌓기 놀이용 나무토막
- 단순한 동물 장난감
- 움직이는 장난감 : 점핑 잭(jumping jack, 줄을 당기면 팔다리가 움직이는 장난감—옮긴이) 인형, 고개가 움직이는 닭, 톱질하는 아저씨 등
- 예쁜 조약돌 등을 모아 담을 작은 바구니 또는 상자
- 흔들 목마
- 옆으로 눕히고 담요를 씌워 집, 가게, 자동차 등으로 변신시킬 탁자
- 야외용 놀잇감 : 양동이와 삽, 공, 작은 물레방아, 바람개비, 나무껍질/나뭇잎으로 만든 배, 그네 등

단순하게 표현된 인형과 인형용 침대.

5장

생각이 쑥쑥 자라는 나이
5~6세

스스로 만들어가는 놀이

만 5세는 대체로 차분하고 안정된 시기다. 상당히 오랜 시간 가만히 앉아 있을 수 있으며, 차분해지고 목적의식이 뚜렷해졌다는 인상을 준다. 또 기분이 안 좋을 때 바닥을 구르고 발버둥을 치며 소리를 지르기보다는 속상한 마음을 말로 표현할 만큼 성숙해진다. 이제 철학적 사고가 가능한 나이에 접어들었다는 뜻이다.

"엄마, 사람한테서 제일 멋진 것이 뭐라고 생각해요?"

5세가 된 내 아들이 진지하게 물었다. 내 대답을 들은 아들은 이렇게 말했다.

"나는 사람한테서 손이 제일 멋진 것 같아요. 또 팔도요."

그러더니 아들은 그 나이 또래의 아이 그림에서 흔히 보이는 커다란 손이 달린 사람을 그렸다. 한번은 이런 말을 하기도 했다.

"엄마, 우리 머릿속에 있는 생각을 볼 수 있다는 게 신기하지 않아요? 실제로는 없잖아요."

아들은 정신적 개념을 깨달은 것이다.

또 하루는 심각한 표정으로 '스피드 스케이팅 선수는 다리를 그렇게 천천히 움직이는데도 어떻게 빠르게 움직이는 아이스하키 선수보다 한 번에 멀리 갈 수 있는지'를 고민하기도 했다.

"나는 어디서 왔어요? 누가 이 세상을 전부 만들었어요?"

아들은 내게 이렇게 물었지만 성과 종교, 우주에 대한 강의를 원하는 것은 아니었다.

"내가 아주 작을 때는 어디에 있었어요?"

아이는 자기가 어딘가에 존재했다는 답을 듣고 싶어 한다. 자신이 세상에 없었다는 개념을 이해할 수 없고, 자기가 죽으면 세상에서 사라진다는 말을 들으면 상처를 받는다.

"우리한테 오기 전에 어딘가에 네가 있다가, 사람들을 하나하나 살펴보고 엄마하고 아빠를 선택해서 우리한테 오게 된 거야"라고 답하는 편이 아이에게는 훨씬 낫다. 사실 부모로서도 내 아이가 다른 누구도 아닌 나를 선택했다고 상상하는 것은 나쁘지 않다. 올바른 선택을 했다는 것을 보여주기 위해 노력을 기울일 계기가 된다.

5세 아이가 질문을 하면 반드시 주의 깊게 들어야 한다. 그래야 아이가 얼마나 깊이 알고 싶은지 파악할 수 있다. 아이의 상상력을 뒷받침할 수 있는 간단한 그림과 함께 설명하면 아이가 개념을 형성하는 능력을 키워줄 수 있다. 반면 사진은 아이의 상상을 제한하거나 방해할 뿐이다.

예를 들어 아이가 사람의 위장은 어떻게 생겼는지 묻거든 음식물이 들어가는 커다란 자루를 그려주면 된다. 장기와 혈관, 근육 등을 해부학적으로 나누어 설명하는 텔레비전 프로그램이나 책을 보여주는 것은 곤란하다. 아이가 거북해하거나 몸의 여러 부분이 제대로 붙지 않으면 어떻게 하느냐고 걱정할 수도 있기 때문이다. 아이가 상상의 힘으로 대강의 개념만을 잡도록 놓아두자. 해부학은 나중에 학교에 들어간 뒤 객관적이고 비판적인 사고가 가능한 단계에 접어들었을 때 배워도 늦지 않다.

이번에는 읽기에 대해 잠시 살펴보자. 만 5세는 대개 글자에 강한 흥미를 보인다. 이런 관심은 신체 활동에 더 집중하는 시기인 6세가 되면 시들해지고 7세가 되면 다시 강해진다. 5세 아이는 텔레비전만큼이나 글자에 빠져들어 오랫동안 책을 붙들고 앉아 있기도 한다. 하지만 추상적인 글자는 아이에게 충분한 자극을 제공하지 못한다.

일찍부터 읽기를 배우지 못하게 할 수는 없지만 독서에 지나치게 많은 시간을 들이면 경험의 폭이 좁아질 수도 있다는 점을 유념해야 한다. 게다가 책을 오래 읽은 피로의 반작용으로 부산스러운 행동이 나타나기도 한다. 아이에게 이야기를 많이 들려주는 것은 좋다. 그러나 그와 동시에 다른 아이들과 활동적 놀이를 할 기회도 충분히 주어야 한다.

놀이의 설정을 계획하기 시작하다

아이는 자신 안에서 놀이의 영감을 얻는다. 자기가 무엇을 구현하고 싶은지 명확히 알게 되었으므로 예전만큼 외부 환경에 큰 영향을 받지 않는다. 아이 머릿속에는 놀이의 청사진이 들어 있다.

역할 놀이를 하는 5세 아이들의 이야기에 귀를 기울여 보자. 아이들은 먼저 머릿속으로 놀이의 뼈대를 잡고 과거 시제로 설명한다.

"네가 우리 집에 찾아왔다고 하자. 나는 엄마고 아기를 데리고 나가려던 중이었어. 아, 그리고 너는 손님이고 중절모자를 쓰고 왔어."

중요한 설정이 다 끝나면 한 아이가 말한다.

"자, 이제 시작이야."

아이들은 현재 시제로 연기하기 시작한다.

"똑똑, 먼저 손님이 문을 두드린다. 똑똑, 나 이제 들어갈게. 안녕하세요, 아빠가 집에 있나요?"

"아뇨, 지금 나가고 없는데요."

"아, 어떡하죠."

그러다 잠시 연극이 멈춘다. 손님 역할을 맡은 배우가 모자를 깜박했다는 사실을 깨달았기 때문이다. 코스튬 의상 상자 쪽으로 모자를 가지러 뛰어간다.

"이 모자면 되겠다."

이제 생각했던 청사진과 실제 놀이가 일치하게 되어 만족한 아이들은 처음부터 진지하게 연기를 다시 시작한다.

이 시기 아이의 놀이에는 독특한 분위기가 있다. 더 어렸을 때에는 놀이와 다른 활동 사이의 경계가 불분명했다. 하지만 이제 아이는 놀이를 멈출 수도 있다. 함께 놀던 아이들끼리 내부의 청사진이 서로 맞지 않아 갈등이 발생하는 경우도 종종 생긴다.

"아냐, 이제 다른 놀이 하자" 또는 "내 말대로 안 하면 나는 안 놀 거야!" 같은 말이 오간다. 이제 아이는 놀이가 마음에 들지 않을 때 능동적으로 그만둘 수도 있다.

그림으로 보는 아이의 내면

그림에는 아이가 아직 말로 표현하지 못하는 많은 것이 드러난다. 그린 그림을 제대로 해석한다면 부모는 아이가 걱정하는 문제를 제대로 다루도록 도울 수 있다. 반면 부모가 너무 노골적으로 그림에 관심을 보이면 아이는 쑥스러워져 자연스럽게 그림 그리기를 즐기지 못하게 된다.

아이가 뭔가 그리기만 하면 열광적으로 칭찬하며 바로 벽에 걸어준다면 아이는 곧 자신이 아니라 부모를 위해 그림을 그리기 시작할 것이다. 그러므로 결과가 아니라 그리는 활동 자체를 칭찬하는 편이 바람직하다. 그림을 그릴 때 부모가 기뻐하면 아이는 종이 가득 행복한 색을 채운다. 가끔 그림 몇 점을 골라 보관하는 것은 좋지만, 지나치게 치켜세우지 않도록 주의하자.

아이에게 매번 이 그림이 무얼 표현한 것인지 물어보면 실제로 생각하지 않았던 것까지도 억지로 꾸며내 말해야 한다는 압박을 느낄 수도 있다. 하지만 아이가 그림을 가져와서 어떤 그림인지 설명하려 한다면 당연히 귀를 기울여야 한다. 종이를 낭비하거나 대강 그리고 넘기지 않도록 종이는 한 번에 몇 장만 주는 것이 바람직하다.

만 6세가 된 마리아는 그림을 그리기 전에 크레파스를 손에 들고 한참 뜸을 들인다.

"뭘 그리면 좋을까?"

그러다 마침내 마음을 정한다.

"풀밭을 달리는 말을 그려야겠다."

마리아는 크레파스를 놀리기 시작한다. 자연스럽게 말은 갈색, 풀은 녹색으로 칠한다. 마리아가 4세였다면 해맑게 갈색 해님과 보라색 풀을 그렸겠지만, 6세가 된 마리아는 훨씬 까다롭다.

"노란색 크레파스가 없어서 해를 그릴 수가 없잖아!"

자기 그림을 비판적 시선으로 볼 줄도 알게 된 마리아는 마음에 들지 않는 그림을 구겨버린다.

"이 그림은 별로야."

그 그림이 자기가 그리고 싶었던 내면의 이미지와 맞지 않았기 때문이다.

이와 마찬가지로 6세 아이는 쇼핑 놀이를 하다 금전등록기로 사용할 만한 물건이 없다면 놀이 자체를 그만두거나 서랍이 달린 장난감 서랍장처럼 금전등록기와 비슷하게 생긴 물건을 찾으려 애쓴다. 4세였다면 낡은 신발이나 블록으로도 충분히 만족했을 것이다.

힘을 적게 들이면서 놀아주기

혼자 있을 때면 마리아는 종종 엄마나 아빠에게 함께 놀자고 조른다. 많은 부모가 "나랑 같이 놀아요"라는 말을 두려워한다. 마리아는 아빠에게 역할을 주고 아빠가 배역에 맞게 행동하는지 유심히 지켜본다.

사실 아이와 하는 역할 놀이는 여간 까다롭지 않다. 부모는 각종 역할을 소화하느라 애를 먹을 뿐 아니라 잘못해서 집에 있는 상상의 친구를 깔고 앉았다가는 아이에게 꾸지람을 듣는다.

어떤 아이는 자기만의 비밀 왕국 이야기를 끝없이 늘어놓기도 한다. 이러한 환상은 아이 내면에서 어떤 일이 일어나는지 잘 보여준다. 물론 아이의 이야기는 존중해줘야겠지만, 아이와 함께 보내는 시간에 그 이야기가 중심으로 흘러가서는 곤란하다. 부모가 상상의 친구보다 자신의 아이와 시간을 보내고 싶어 하는 것은 지극히 당연한 일이다. 덧붙여 아이가 친구를 간절히 원하거나 사랑받지 못한다고 느낀 나머지 이러한 상상에 빠져드는 것은 아닌지 생각해볼 필요도 있다.

한편 부모는 아이와 놀아주는 일이 실제보다 부담스러우리라고 짐작하는 경향이 있다. 놀이에 적어도 30분 정도는 투자해야 한다고 생각해 아이의 제안을 거절하기도 한다.

사실 혼자서도 잘 노는 아이라면 놀라울 만큼 적은 노력으로도 충분할 때가 많다. 엄마는 계속 바느질을 하면서 병원놀이를 하는 마리아가 붕대를 감을 수 있게 다리 한쪽만 내밀어주면 된다. 아빠가 책을 읽으면서 으르렁 소리를 내면 마리아는 사자가 나타났다며 흥분한다.

한번은 내 딸이 다가와 내 옆에 앉으며 이렇게 말했다.

"엄마! 엄마가 엄마인 척하면 내가 딸인 척할게요!"

나는 '내가 진짜 엄마잖아!'라는 말이 튀어나오려는 것을 간신히 참았다. 하지만 잠깐 다시 생각해보니 우리가 아닌 다른 엄마와 다른 딸 역할을 해보는 것도 재미있겠다는 생각이 들었다. 그래서 나는 안경을 내려 코 끝에 걸치고 목소리를 다르게 내며 매우 엄격한 척을 했다. 딸은 다른 엄마가 되었다며 몹시 즐거워했다.

아이의 상상력을 키우는 단순한 인형

인형 놀이를 좋아하지 않는 아이도 없지는 않다. 예를 들어 부모가 인형 가게를 운영한다면 인형과 관계있는 것은 뭐든 필요 없다고 할지도 모른다. 한번은 말하는 플라스틱 인형을 받은 6세 아이의 이야기를 들은 적이 있다. 이 아이는 얼마 후 인형을 분해해서 목소리가 나오는 기계 부품을 꺼내고 인형은 구석에 던져둔 다음 부품만 소중히 침대에 넣고 보살폈다고 한다.

하지만 아이는 대부분 플라스틱 인형도 잘 가지고 논다. 봉제 인형이나 다른 장난감에게 하듯 인형에게 말을 걸며 상상의 나래를 편다. 그러나 1장에서 살펴본 바와 같이 얼굴 형태가 고정된 플라스틱 인형은 아이가 역할 놀이를 할 때 비교적 제한된 범위 내에서 특정 역할밖에 맡지 못한다. 이것은 매우 뚜렷한 생김새를 지닌 장난감 전부에 해당된다. '펀치와 주디' 같은 캐리커처 인형은 어디까지나 펀치는 펀치일 뿐 주디가 되지는 못한다(Punch & Judy, 펀치와 주디는 영국의 전통 인형극에 등장하는 인형으로 펀치가 남편, 주디가 아내다 — 옮긴이). 반면 눈, 코, 입 등의 요소가 간략히 표현된 인형은 놀이에서 훨씬 폭넓게 활용될 수 있다.

인형을 잃어버렸을 때

아끼는 인형을 잃어버리는 것은 아이에게 엄청난 비극이다. 가까운 친척을 잃은 감정과 맞먹는다. 그러므로 아이가 느끼는 슬픔과 상실감을 이해하고 아이를 위로해야 한다. "그건 그냥 인형일 뿐이잖니"라든가 "하나 새로 사줄게" 같은 말을 해서는 안 된다. 아이를 잃은 부모에게 절대 그런 말을 하지 않는 것과 다르지 않다. 그보다는 다음과 같은 위로의 말을 건네는 편이 좋다.

"어쩌면 인형이 다른 집으로 찾아가서 다른 아이를 행복하게 해줄지도 몰라. 그리고 너도 네가 필요한 다른 인형 친구를 곧 만나게 될지도 모른단다."

어떤 아이는 잃어버린 인형을 계속 잊지 못해서 다른 인형을 찾지 않는다. 인형 대신 살아 있는 애완동물에게 애정을 쏟기도 한다. 또 완전히 새로운 인형을 골라 다시 애착을 형성하는 아이도 있다.

큼직한 봉제 아기인형은 동생이 생길 예정인 아이에게 특히 좋은 장난감이다. 이런 인형에게는 소매나 바짓단을 수선해서 진짜 옷을 물려 입힐 수도 있다. 하지만 봉제 아기인형에 베이비 로션을 발라 얼룩지는 일이 없도록 주의하자. 아이는 대체로 바르는 시늉만으로도 만족한다.

작은 인형에게는 상자나 선반을 활용해 집을 만들어주면 좋다. 작은 종이 상자와 나무토막을 활용해 집에서 직접 인형용 가구를 만들면 아이의 창작욕을 자극할 수 있다. 작은 인형용 세간을 만들 때는 밀랍이 유용하다. 아이가 작은 그림을 그려 인형 집 안에 걸어줘도 되고, 더 큰 아이는 뜨개질을 배워 작은 깔개를 만들 수도 있다.

반면 방에 별의별 집기가 딸린 기성품 인형의 집을 받으면 조만간 거창한 집에서 인형과 가구 몇 점만을 꺼내 적당한 구석으로 옮겨두기 일쑤다. 미리 만들어진 것보다는 직접 꾸민 인형의 집이 아이의 상상력을 북돋운다. 화려한 인형의 집은 어른의 유희적 본능을 반영하는 물건일지 모르지만, 아이에게는 신기한 장식품일 뿐인 경우가 많다.

거의 모든 것으로부터 영향 받는 시기

'인상印象'이라는 단어는 문자 그대로 도장으로 꾹 눌러 모양을 새긴다는 뜻이다. 이는 보고 듣고 만지고 냄새 맡고 맛보는 감각적 경험이 얼마나 큰 흔적을 남기는지 잘 설명해준다. '감각 인상'과 해석하는 능력은 현재 상황에 적응할 수 있게 도와준다. 따라서 감각이 무뎌지지 않도록 잘 갈고닦는 일은 매우 중요하다.

도시에 사는 아이는 대개 온종일 끊임없이 소음에 노출된다. 길에서 나는 교통 소음이나 어린이집에서 아이들이 떠드는 소리, 집에서 크게 틀어둔 음악이나 텔레비전 소리 탓에 미세하고 희미한 소리는 묻혀버린다. 그 결과 아이는 목소리가 점점 커지거나 밤의 고요함을 무서워하게 될 수도 있다.

감각을 적응시키려면 시간이 필요하다. 그러므로 처음에는 단순하고 부드러운 감각 인상에서 시작해 점점 복잡하고 강한 자극으로 옮겨가도록 하자. 아이의 귀를 틔우기에 가장 좋은 방법은 악기 하나로 연주하는 단순한 곡이나 사람이 직접 부르는 노래를 라이브로 듣는 것이다. 폭넓은 소리를 소화하려면 먼저 고요함이 어떤 것인지 알아야 한다. 예를 들자면 아이가 처음으로 음악을 접할 때는 오케스트라 연주가 아니라 한 가지 음색으로 시작하는 것이 좋다. 플루트 독주나 미묘한 음색 변화가 있는 현악기 연주 정도가 적당하다.

이 외에도 아이에게 영향을 끼치고 인상을 남기는 경로가 몇 가지 있다. 아이는 가끔 자기가 사랑하는 어른의 신체적 특성을 닮기도 한다. 부모 중 한 사람이 다리가 불편한 아이는 건강상 아무 문제가 없는 데도 다리를 절며 걷기 시작한 사례가 기록된 바 있다.

아이가 가장 아끼는 장난감도 신체적 특성에 영향을 미친다. 생기 없이 축 처진 인형을 안고 자는 것은 곧고 바른 자세를 만드는 데 도움이 되지 않지만, 속이 꽉 차있고 따뜻하며 건강해 보이는 인형은 아이가 안정된 자세를 취하도록 도와준다.

5장 요약

- 만 5~6세 아이는 가끔일지라도 차분하고 철학적인 태도를 보인다.
- 아이가 세상에 대한 질문을 던질 때는 상상력을 발휘할 여지를 남기는 대답을 해주는 것이 가장 좋다.
- 이 또래 아이는 외부 환경보다 자기 내면에서 놀이의 영감을 끌어낼 때가 있다.
- 부모는 생각보다 적은 노력으로도 아이와의 놀이에 참여할 수 있다.
- 생김새가 단순한 인형과 간단한 인형의 집은 아이의 상상력을 키워준다.
- 감각 인상은 문자 그대로 아이에게 새겨져 어릴 때부터 큰 영향을 미친다. 따라서 아이가 어떤 인상을 받는지 주의 깊게 살펴야 한다.
- 감각이 성숙하려면 시간이 걸린다. 색깔, 음악, 춤 등의 자극을 접할 때는 단순하고 부드러운 것부터 시작해야 한다.

5~6세 아이에게 알맞은 놀이와 장난감

장난감이 지나치게 많아졌을 때는 가끔 솎아주는 것을 잊지 말자. 추천할 만한 장난감이나 놀잇감은 아래와 같다.

- 아이가 직접 만든 매듭 인형
- 옷을 갈아입힐 수 있는 발도르프 인형과 인형 옷, 기저귀를 찬 아기인형과 요람
- 인형의 집에 들어가는 작은 인형 또는 털실 인형 가족
- 상자 또는 선반을 활용해 만든 단순한 인형의 집
- 집에서 만든 인형용 가구와 집기
- 밀랍(비즈 왁스)
  큼직한 덩어리로 살 수 있다. 냄새도 좋고 색깔도 다양하며 무독성이다. 손으로 살짝 데워 모양을 만든 다음 굳어지면 바로 사용할 수 있다. 또 재활용도 가능하다.
- 바늘과 실, 헝겊 조각이 든 조그만 반짇고리
- 놀이에 활용할 천 몇 장, 큰 가방이나 상자에 가득 담은 가장용 의상
- 왁스 크레용, 수채물감, 넓적한 붓, 커다란 종이
- 오릴 수 있는 색종이, 무독성 풀

- 나무토막, 나무 바퀴, 막대기, 망치와 못(톱질은 어른이 도와줘야 한다), 사포, 줄칼, 나무용 접착제
- 공작용 점토
- 자동차
- 봉제 또는 목제 동물, 외양간 울타리를 만들 블록
- 빈 상자와 병 여러 개
- 작은 물건을 담을 바구니
- 그네
- 아이가 좋아하는 이야기를 담은 입체 그림책
- 야외용 놀잇감 : 양동이와 삽, 공, 손잡이 달린 손수레, 줄넘기, 구슬, 줄이 긴 그네, 팽이, 연, 배, 종이비행기

미니어처 마을을 꾸미기에 알맞은 털실 인형.

6장

세상을 적극적으로 탐구하는 나이 7세 이상

두 번째 성장 주기의 시작

아이가 학교에 들어갈 무렵이 되면 놀라운 변화를 겪는다. 어쩐지 키도 더 커 보이고, 어른을 바라보는 눈빛도 달라진다. 거의 온몸의 세포가 변하고 젖니도 영구치로 바뀌기 시작한다. 계속 성장할 수 있도록 신체적 준비를 마친 것이다.

이때부터 시작하는 새로운 7년 주기(발도르프 교육에서는 인간이 7년을 주기로 발달하고 성장한다고 본다 — 옮긴이)는 사춘기가 시작되기 전까지 이어진다. 이 주기 동안에는 기억과 상상력, 감각이 특별히 강세를 보인다. 아이는 집과 유치원 밖의 삶에 강한 호기심을 보인다. 나아가 자신의 힘을 시험해보고 새로운 힘을 찾으려 한다. 더 강해진 상상력으로 무장한 아이들은 동화와 우화, 전설, 신화에 등장하는 인상과 서사 구조를 적극적으로 받아들인다.

두 번째 7년 주기만큼 사람이 자기 몸의 움직임을 완벽히 통제하는 시기는 없다. 초등학생 어린이가 미끄럼틀을 타고 내려와 날렵하게 계단을 다시 뛰어 올라가는 모습을 보라. 숙련된 음악가가 악기를 연주하듯 자기 몸을 다루어 독특하고도 아름다운 음색을 낸다.

학구열에 불타는 시기이기도 하다. 아이는 자료를 모으고 기억에 집어넣으며 정보를 빨아들인다. 이 무렵에는 대체로 특별한 취미를 찾아내고 조개껍데기나 기차 시간표, 멸종 위기 동물 등에 관해 다양한 지식을 섭렵한다. 수집에 열을 올리는 아이도 많다. 어떤 아이는 우표나 영화표를 모으고 또 어떤 아이는 암호나 외국어에 열정을 쏟는다.

이렇게 모은 깊이 있는 지식을 활용해 환상의 세계를 구축하거나 모형을 만들고 설계도를 그린다. 초등학교에 입학할 때가 되면 정보 모으기, 체계 잡기, 요약하기를 좋아한다.

나중에 사춘기가 오면 자신은 물론 세상 전체에 불만을 품는다. 사춘기에는 어릴 때 보였던 지식욕은 잠시 자취를 감춘다. 10대 때는 한 걸음 떨어져 모든 것을 비판적으로 바라보기 시작한다. 커다란 신체적 변화 탓에 자신의 몸과 상황 외에 다른 것에 관심을 쏟을 여유가 별로 없다. 따라서 사춘기 때는 두 번째 7년 주기에 했던 만큼 공부에 집중력을 발휘하지 못한다.

놀면서 규칙에 익숙해지기

7세 이후부터는 학교에 다니면서 자신을 다른 아이와 비교하기 시작한다. 주변 아이가 하는 대로 따라 하고 집단과 어울리려는 노력을 기울인다. 아이들 무리는 종종 늦게 도착한 아이를 놀이에 끼워주지 않는 등 까다로운 규칙을 적용하기도 한다.

집단이나 집단의 결정에 개의치 않는 것은 아주 대담한 아이뿐이다. 조금이라도 수줍음을 타는 아이는 놀이에 끼워달라는 말을 꺼내지 못한다. 따라서 가끔 어른이나 나이 많은 아이가 나서서 아이들이 전부 놀이에 참여할 수 있도록 조정해줄 필요가 있다.

마음대로 규칙을 정할 수 있다는 사실을 깨달으면 공놀이나 땅따먹기, 술래잡기 등의 놀이를 하며 다양한 규칙을 만들어낸다. 특정 행동이 규칙에 맞는지 아닌지를 두고 심각한 다툼이 일어나기도 한다.

규칙 정하기에 익숙해진 아이는 온갖 것에 적용할 규칙을 만든다. 버스에서 타고 내리는 문, 보도블록의 무늬에서 밟고 걸을 수 있는 부분, 난간 위에서 균형을 잡는 방법, 구슬치기를 할 때 거는 구슬의 개수, 줄넘기를 할 때 부르는 노래 등 수많은 규칙이 생겨난다. 어떤 아이는 카드나 딱지처럼 교환 가능한 물건을 가지고 다니며 미리 정해진 규칙에 따라 획득하거나 바꾸기도 한다. 그러면서 아이들은 다른 사람과 어울려 살기 위해서는 규칙을 지켜야 한다는 사실을 배운다. 그리고 놀이를 통해 지속적으로 사회적 관계를 실습한다.

그리고 감상하고 비판하기

초등학교 아이가 지닌 그림 기술과 그림을 대하는 태도는 첫 번째 주기 때와 매우 다르다. 예전 그림에서 느껴졌던 힘과 대담함은 상당 부분 사라진다. 초등학생 어린이는 다른 아이의 그림을 확인하고 싶어 한다. 또 그림을 그릴 때 어떤 것은 좋고 어떤 것은 나쁘다는 특정 기준을 세운 다음 거기에 맞춰 그리려는 경향이 강하다. 자기보다 나이가 많은 아이만큼 잘 그리려고 애쓰기도 한다. 이 시기에 아이가 자연스럽게 그림을 그리게 하려면 많은 격려가 필요하다.

7세가 된 남자아이 잭은 아름다운 경치를 보고 이렇게 외친다.

“우와, 정말 멋지다!”

잭은 과거에는 하늘에 흘러가는 구름이나 멀리 지나가는 자동차를 사실적으로 관찰했을 뿐이다. 하지만 지금은 눈앞에 펼쳐진 풍경의 아름다움을 감상할 줄 알게 되었고, 그렇기에 더욱 자기 그림을 비판적 시선으로 바라본다.

학년이 올라가면서 조금 더 욕심이 생긴 잭은 원근법을 사용해보려고 시도한다. 사람 얼굴과 전신도 제법 잘 그리게 되었다. 얼굴이란 어떻게 생긴 것인지 배운 잭은 자기 지식을 활용해 캐리커처나 만화 캐릭터도 그릴 수 있다.

만 9세 무렵이 돼 언어적 · 정신적 발달이 일정 수준에 이른 잭은 어른의 농담을 이해할 수 있게 된다. 이제 잭은 직접 줄거리를 구상하여 만화를 그리기 시작한다.

아이가 직접 만드는 인형

예전에는 그다지 인형을 가지고 놀지 않던 아이도 7세 무렵에 접어들면 인형 놀이에 푹 빠지는 경우가 많다. 어딜 가든 인형을 데리고 다니며 매일 잠자리에 들기 전에 인형을 침대에 눕힌다. 인형을 위해 무언가를 해주고 싶어서 인형 옷이나 작은 물건을 만들기도 한다.

시중에는 바비 인형이나 피겨 장난감처럼 공허한 눈을 한 플라스틱 인형이 무수히 나와 있다. 이 인형들은 팔다리가 비현실적으로 길고 깡말랐거나 부담스러울 만큼 근육이 발달했다. 조랑말부터 수영장, 경주용 자동차까지 경제적 지위를 상징하는 다양한 액세서리도 딸려 있다. 이런 유형의 인형에

내재한 가치나 물질주의적 생활방식을 아이에게 가르치고 싶은가? 그렇지 않다면 아이를 위해 인형을 손수 만들어보자. 질긴 면실로 머리카락을 만들어주면 아이가 인형 머리를 빗질하거나 머리 모양을 다양하게 바꿀 수 있다. 그리고 직접 옷을 만들 수도 있다. 스스로 인형 놀이를 할 나이가 지났다고 생각하는 아이도 인형 옷 만들기는 사양하지 않으며, 만드는 동안 머릿속으로 인형이 주인공인 이야기를 상상한다.

10세가 넘은 아이들은 직접 인형을 만들기도 한다. 인형은 너무 커도 만들기 어렵다. 특히 비율을 맞추거나 각 부분을 연결하는 작업이 까다롭다. 아이가 어른에게 도움을 청하면서 몸통 윗부분을 묶어 머리를 만드는 작업을 생략하거나, 다리를 만들지 않는 등 해결 방법을 찾아내도록 한다. 인형 치수를 비율에 맞춰 줄이면 주머니에 쏙 들어가는 조그맣고 귀여운 인형도 만들 수 있다.

인형과 이별하기

인형과 헤어져야 할 때가 오면 아이가 자발적으로 놓게 하는 것이 바람직하다.

"너는 이제 다 컸잖니? 언제까지 지저분한 인형을 항상 끌고 다닐 거니?"

부모는 이 같은 말을 해서는 안 된다. 대신 유아 시절을 뒤로하고 나아가야 한다는 사실을 스스로 깨닫게 도와주자. 억지로 사랑하는 낡은 인형을 빼앗아 버린다면 아이는 부모에 대한 믿음을 잃을 수도 있다. 인형은 아이의 영혼을 일부 담고 있는 존재다. 그렇기에 인형과 헤어지는 데는 고통이 따르기 마련이다. 하지만 어느 날 아이는 나비가 떠난 번데기처럼 이제 인형이 텅 비었다는 사실을 깨닫고 인형을 물려주거나 치우겠다는 말을 꺼낼 것이다.

초등학생이 가지고 놀기 적합한 인형.
크기는 크든지 작든지 다 좋다.

집안일로 보람을 느끼게 하자

일부 문화권에서는 만 7세가 되면 이미 어른으로서의 삶에 발을 들이고 가족의 생계를 도울 의무를 부여받기도 한다. 하지만 선진국에서 이 나이는 대부분 생계 부담을 지지 않아도 된다. 어린 시절을 앗아갈 수 있는 아동 노동 착취가 자취를 감춘 덕분이다.

반대로 아이가 어른의 중요한 일에 전혀 손을 대지 못하게 해서는 곤란하다. 아이는 어른과 마찬가지로 의미와 쓸모가 있는 활동이 필요하다. 하지만 학교에 갈 만큼 자랐더라도 가전제품이 가득한 집에서 아이가 할 만한 쓸모 있는 일을 찾기란 쉽지 않다. 집안일은 대부분 아이에게는 위험하거나, 복잡한 기계가 대신하는 일로 변한 지 오래다. 예전에는 손으로 하던 빨래도 이제는 세탁기가 도맡아 해결한다.

그렇다면 아이는 사회에 적응하는 데 도움이 될 만한 유용한 기술을 어떻게 배울 수 있을까? 어떻게 하면 아이가 음식을 구하고 살림을 꾸리는 일에 책임 의식을 느끼게 될까? 그러려면 부모가 아이에게 적합한 집안일을 찾아 맡겨야 한다. 아이는 손빨래를 도울 수 있고, 밀가루 반죽을 하거나 계란을 젓거나 채소를 자를 수 있다. 채소를 자를 때에는 연령에 맞게 안전한 칼을 써야 한다. 또한 집 근처 식료품점에서 물건 한두 가지를 사올 수도 있다. 심지어 어른이 잘 감독해준다면 요리도 가능하다. 만드는 과정에서 생기는 실수는 별 문제가 되지 않는다.

집안일을 맡겼을 때 다양한 반응이 나올 수 있다. 현실적인 아이는 중요한 일을 맡았다는 사실에 뿌듯해하며 즐거운 마음으로 실용적 임무를 수행한다. 그런가 하면 상상력 넘치는 보헤미안 기질을 지닌 아이는 하고 싶은 일밖에 하지 않는다. 그러나 어떤 아이든 강요에는 대체로 예민하게 반응하기 마련이다. 아이는 가족 구성원이 각자 자기 침대를 정리하고 돌아가며 설거지를 해야 한다는 민주주의적 규칙을 논리적으로 이해하지 못한다. 이럴 때는 앞 장에서 보았듯 만 3세 아이는 엄마가 설거지를 할 때 돕고 싶어 안달을 하는 점을 참고하자. 3세부터 습관이 잘 든 아이는 집안일을 척척 돕는 8세로 자랄 가능성이 높다.

실제로 체험할 수 있는 장난감

진짜 같고 쓸모 있어 보이지만 실제로 사용할 수 없는 종류의 장난감은 종종 아이를 실망시킨다. 장난감 연장이나 악기, 냄비와 프라이팬, 쌍안경 등이 이 유형에 속한다. 아이가 장난감 톱으로 무언가를 잘라보려 하면 무딘 톱은 힘없이 휘어지고 만다. 소꿉놀이용 냄비를 불에 올려놓으면 페인트 타는 냄새가 난다.

아이는 진짜 연장과 악기, 조리 도구를 훨씬 재미있어 한다. 종류별로 갖출 필요는 없지만, 실제로 쓸 수 있는 튼튼한 물건이 한두 개 있으면 좋다. 예를 들어 어린이용 안전 바늘과 실, 가위, 색색의 천 조각이 든 반짇고리가 있으면 간단한 인형 옷을 만들기에 안성맞춤이다. 몇 개의 음을 정확히 내는 리코더나 하모니카도 좋은 선택이다.

전쟁놀이가 아직도 필요할까?

만 9세가 된 남자아이 해리는 오랫동안 장난감 총을 사달라고 엄마를 졸랐다. 심지어 한밤중에 깨어나 총이 갖고 싶다고 소리치기도 했다. 버티다 못한 엄마는 해리에게 커다란 리볼버 스타일의 장난감 총을 사주었다. 장난감 총 따위가 얼마나 해롭겠는가? 남자아이는 으레 전쟁놀이와 총싸움을 좋아하는 법 아닌가? 해리는 장난감 총을 학교에 가지고 가서 놀이터를 뛰어다니며 다른 아이를 쏘는 시늉을 했다. 이 총에서는 크게 '탕!' 소리도 났다. 놀이터에 있는 아이들은 모두 놀이를 멈추고 해리를 바라보았다. 나이 어린 아이들 몇몇은 놀라 울음을 터뜨리기도 했다. 해리 엄마는 그만 얼굴이 붉어졌다.

사람들이 안전에 극도로 신경 쓰는 요즘 같은 시대에 아이에게 장난감 총이나 무기를 사주는 것은 예전보다도 더욱 부적절하지 않을까 싶다. 나는 평화로운 시대에 자란 아이가 굳이 전쟁놀이를 해야 할 이유가 없다고 생각한다. 전쟁놀이의 유일한 존재 의의는 실제로 전쟁을 겪은 아이가 끔찍한 경험을 놀이로 풀어내도록 돕는 것뿐이다.

물론 아이에게는 흥분과 긴장감도 필요하다. 서로에게 몰래 살금살금 다가가기도 하고 어두운 수풀 속을 기어 다니거나 으스스한 다락을 탐험하는 것도 좋다. 하지만 절대로 다른 사람에게 총처럼 생긴 물건을 겨누지 않도록 가르쳐야 한다.

텔레비전이나 인터넷을 통해 폭력적 장면에 자주 노출된 아이에게는 잔인한 감각 인상을 소화할 방법이 필요할지도 모르겠다. 아이에게 특정 감각 인상을 소화할 방법이 필요하다는 생각이 들면 과녁이나 동물 모양 표적에 총을 쏘게 허락하자. 하지만 사람에게는 절대로 쏴서는 안 된다고 단단히 일러야 한다. 사실 폭력적인 장면 말고도 텔레비전을 보는 것 자체가 안 좋을 수 있다. 오랜 시간 동안 수동적으로 화면만 바라보고 있으면 에너지가 남아돌기 마련이며, 그 결과 거칠고 공격적인 행동이 나타날 수 있다.

명절과 계절을 활용해 놀기

아이는 심장이 두근거리고 기대하기를 좋아한다. 해마다 돌아오는 명절은 가슴 설레는 축제 분위기를 더해주는 멋진 기회다. 크리스마스나 밸런타인데이에 별 의미를 두지 않는 집이라면 생일, 결혼기념일 등 다른 연간 행사도 있다.

생일은 아이에게 매우 중요하며, 생일을 맞은 아이는 어떤 방식으로든 특별한 대우를 받아야 마땅하다. 의자 하나를 '축하 의자'로 정해서 특별한 의자에 앉히는 방법이 있다. 또 꽃을 엮어 화관을 만들어 씌어주면 아이는 기뻐한다. 꽃이 없다면 습자지나 펠트 천으로 만들 수도 있다. 생일만큼은 모두가 아이의 시중을 들어주고, 저녁 메뉴도 아이가 고른 것으로 정

한다. 생일 축하 노래를 부르며 생일을 맞은 아이뿐 아니라 온 가족이 즐거운 시간을 보내도록 하자.

아이가 가장 좋아하는 명절은 대개 크리스마스다. 크리스마스까지 이어지는 4주간의 대림절 기간에는 선물 준비며 크리스마스 장식, 케이크 굽기 등으로 분위기가 한껏 들뜬다. 예쁘게 장식된 집은 평소와는 달라 보인다.

크리스마스는 한 해가 지났다는 사실을 실감하게 할 좋은 기회가 된다. 작년만 해도 아이는 틀에 찍은 쿠키 반죽을 오븐에 올리지 못했지만, 올해는 할 수 있다. 작년에는 조리대 위에 손이 닿지 않았지만, 올해는 거뜬히 닿는다.

깜짝 선물을 준비하는 즐거움과 받을 선물에 대한 기대감은 말할 것도 없다. 아이는 크리스마스 때 몇 시간이고 공들여 선물을 준비하기도 한다. 밀랍은 크리스마스에 자그마한 소품을 만들기에 더없이 좋은 소재다. 밀랍으로 예쁜 모양을 만들어 양초에 붙이면 멋진 선물이 된다. 그리 오래 걸리지 않으므로 아이들도 싫증 내지 않고 만들 수 있다. 창문에 붙일 장식을 만드는 것도 추천할 만한 공작 활동이다. 파라핀지에 습자지를 풀로 붙이고 빳빳한 흰색 종이로 테두리를 만들어주면 간단히 완성된다.

명절과 생일 외에도 계절의 변화는 활동에서 중요한 부분을 차지한다. 아이는 봄, 여름, 가을, 겨울에 각각 어울리는 노래를 배운다. 수확의 계절인 가을이 되면 곡식을 갈아 빵을 굽는다. 겨울에는 양초를, 봄에는 작은 새집을 만들기도 한다. 봄 또는 가을마다 특정 장소로 여행을 떠나 화로에 요리를 해먹고 침낭에서 자는 것도 좋은 기념이 된다. 이러한 활동은 특히 도시에 사는 아이가 자연과 계절을 피부로 느낄 수 있도록 도와준다.

6장 요약

- 학교에 다닐 나이의 아이는 감정과 상상력을 자극하는 이미지를 적극적으로 받아들인다.
- 이 나이 또래는 협동을 요구하는 복잡한 규칙이 있는 놀이를 할 수 있게 된다.
- 사람 얼굴의 생김새를 파악한 아이들은 캐리커처를 그리기 시작한다.
- 부모는 바비 인형이나 피겨 장난감 대신 상업적이지 않은 봉제 인형을 찾아볼 필요가 있다.
- 아이가 가족의 일원으로서 제 몫을 한다는 느낌을 받도록 아이에게 간단하면서도 의미 있는 일을 맡겨야 한다.
- 아이가 나무로 무언가를 만들거나 요리를 하거나 음악을 연주하려 한다면 진짜 연장이나 조리도구, 악기를 주도록 하자.
- 장난감 총은 위험하다. 모형 총으로도 은행을 털 수 있다.
- 해마다 계절이 변하고 명절이 돌아오면 아이와 부모가 함께 다양한 활동을 즐길 수 있다.

7세 이상인 아이에게 알맞은 놀이와 장난감

추천할 만한 장난감이나 놀잇감은 아래와 같다.

- 작은 봉제 인형, 인형 옷
- 바늘, 실, 바느질에 쓸 옷감
- 다양한 가장 의상, 베일, 모자, 허리띠
- 분장용 화장품
- 인형의 집, 인형, 매듭 또는 털실 인형
- 인형의 집에 넣을 가구와 집기
- 다양한 공작에 사용할 밀랍
- 왁스 크레용, 수채물감, 전에 쓰던 것보다 작은 붓, 색연필
- 나무토막, 나무 바퀴, 진짜 연장 몇 가지(연장을 갈고 관리하는 법을 어른이 상세히 일러주고 안전한 곳에 보관해야 함)
- 털가죽과 가죽 조각, 직물용 접착제
- 실뜨기용 끈
- 공작용 점토, 석고
- 봉제 또는 목제 동물 장난감
- 수직기(뜨개질 틀), 뜨개바늘, 코바늘, 털실
- 빈 상자(인형극용 극장 등을 만드는 데 사용)

- 보드게임 : 루도(Ludo, 윷놀이와 비슷하게 서로의 말을 잡는 전략 게임—옮긴이), 도미노, 다이아몬드 게임(육각 별 모양 판 위에서 자기 말을 먼저 전부 이동시키면 승리하는 게임—옮긴이), 마우스 트랩(Mouse Trap, 다양한 입체 장치를 배치해 쥐를 가두는 게임—옮긴이) 등
- 야외용 놀잇감 : 연, 나무 위 오두막, 집에서 만든 페달 자동차, 줄이 긴 그네, 아이가 직접 돌보는 작은 텃밭, 모형 배, 모형 비행기

이 시기에 관해 몇 가지 참고할 점

- 이 또래 아이들은 직접 퍼즐을 만들 수 있다. 얇은 합판에 그림을 그리고 수채물감으로 퍼즐 조각의 경계선을 그은 다음 실톱으로 선을 따라 자르면 된다. 정교한 모형 조립 세트는 아이가 오랜 시간 가만히 앉아 작은 부품을 골라낼 수 있게 된 뒤에 사주는 편이 좋다.
- 메카노 모형처럼 덩치가 큰 조립 세트는 꽤 비싸지만 만 9~10세 아이에게 멋진 선물이 된다.
- 만 9~10세 무렵이면 아이들은 석고를 다루거나 납땜을 할 수 있고, 가마에 구워낼 점토 작품을 만들 수도 있다.

작은 인형들과 나무로 만든 가구가 있는 인형의 집.

7장

창조적인 아이로
성장하기 위해 필요한 것

놀이를 지시하지 말 것

시장의 논리대로라면 사람이 일을 하는 이유는 자신이 만든 물건이나 제공하는 서비스를 타인이 필요로 하기 때문이다. 다시 말해 어른의 세계에서 일하고자 하는 자극의 원천은 외부에서 생겨난다.

아이의 창조적 놀이는 중요하고 진지한 활동이라는 의미에서 어른의 일에 해당한다고 볼 수 있다. 하지만 둘 사이에는 커다란 차이가 있다. 놀고자 하는 아이의 욕구는 내부에서 나온다. 놀이는 자신을 위한 것이지 남을 위한 것이 아니다.

"가서 이거 가지고 놀아!"

부모가 아이에게 기성품 장난감을 주면서 이렇게 말한다

면 이것은 외부적 명령에 지나지 않다. 놀이의 원천은 아이 자신이어야 한다. 기꺼이 움직이고 상상할 마음가짐이 생겼을 때 진짜 놀이가 시작된다.

교육을 멈추고 스스로 경험하게 할 것

소피의 엄마는 아이가 아직 단추를 채울 줄 모르는 것이 걱정이다. 조급해진 엄마는 천 두 장이 단추로 연결된 장난감을 사가지고 온다. 이 장난감의 목적은 그저 단추를 채우는 것뿐이다. 세 번째 시도에서 소피는 이 장난감에 다른 의미나 이유가 하나도 없다는 사실을 깨닫는다.

현실 세계에서 단추를 채우는 데는 명백한 이유가 있다. 몸이 따뜻하라고 카디건이나 스웨터 단추를 채우고, 흘러내리지 말라고 청바지 단추를 잠근다. 이렇듯 소피는 '단추가 잠긴 것도 모른 채 엄마가 코트를 입으려고 하면 얼마나 재미있을까!'라고 생각하며 엄마 몰래 엄마의 코트 단추를 전부 채워버리는 것을 훨씬 재미있어 한다. 아니면 남동생이 겉옷 단추 잠그는 것을 도와주며 뿌듯해한다.

소피의 엄마는 밀가루와 설탕, 소금의 차이도 알려주고 싶다. 그래서 똑같이 생긴 병 세 개에 세 가지 가루를 각각 담아 보여준다.

"맛을 한번 보자, 소피. 맛이 다른 것이 느껴지니? 이건 소금, 이건 설탕, 이건 밀가루야."

그러다 벨소리가 울려 엄마는 전화를 받으러 갔다. 그사이 소피는 잠시 혼자 남겨졌다. 엄마가 돌아와 보니 소피는 식탁에서 끈적끈적한 덩어리를 주무르고 있다. 병 내용물에 물을 섞어 반죽하면서 즐겁게 '빵 굽기' 놀이를 하는 중이다.

"아, 이런. 뭐가 뭔지 알 수가 없잖니!"

엄마는 탄식한다. 엄마는 소피가 스스로 그녀만의 멋진 파이를 만들었다는 중요한 사실을 놓치고 만다.

이 이야기의 교훈은 다음과 같다. 아이가 살아가며 배우게 두자. 무언가를 가르치려 애쓰느라 아이가 삶을 체득하는 것을 방해하지말자.

숨을 수 있는 장소를 줄 것

아이에게는 때로 아무도 모르게 숨을 수 있는 은신처가 필요하다. 자신이 어디에 숨었는지 모두 알고 있는데 숨는 것은 전혀 재미가 없다. 아이는 부모와 떨어져 길을 잃고 가엾은 처지가 되었다는 상상을 즐길 수 있는 장소를 원한다. 아이는 이렇게 생각한다.

'내가 어디 있는지 다들 안다면 내가 없어진 걸 알아도 슬퍼하지 않을 거잖아?'

소피는 다락 안 비밀 장소에 숨어서 공상에 빠진다. 집을 나가 혼자 살게 된다면, 먼 바다를 항해하는 여객선 화물칸에 숨는다면 어떤 기분일지 상상해본다. 실제로는 편안하고 안전한 집에 있지만, 자신이 흔적도 없이 사라진다면 어떻게 될까 곰곰이 생각한다.

이런 과정을 통해 가족 안에서 자신이 어떤 위치를 차지하는지, 남들이 자신을 어떻게 생각하는지 이해하려고 애쓴다. 아이가 숨을 만한 공간을 제공하자.

상상력을 방해하는 장난감을 치울 것

장난감 가게에 들어가서 물건을 쭉 살펴보자. 전체 상품 중에서 자유롭고 창조적인 놀이에 활용할 만한 장난감은 몇 개나 될까?

특히 장난감 자동차처럼 실물과 완전히 똑같아 보이도록 제작된 모형 장난감은 문제가 많다. 어린이에게 성인의 물건을 축소한 모형을 주는 것은 어린이를 성인의 축소판이라고 생각하며 어서 자라기를 바라는 것과 다를 바 없다.

다행히도 아이는 대부분 이러한 장난감의 제한을 뛰어넘을 줄 안다. 놀이를 하며 미니쿠퍼 자동차 장난감을 쉐보레 자동차로, 또는 심지어 햄버거로 변신시킨다. 놀이의 목적은 감각을 발달시키고 훈련하며 다재다능한 사람으로 자라는 것이지 어른의 세계에서 신분을 상징하는 물건을 탐내는 것이 아니다.

소피는 플라스틱으로 만들어진 아동용 진공청소기를 선물로 받았다. 이 청소기는 실제로 먼지를 빨아들이며 먼지를 모으는 작은 종이봉투도 딸려 있다. 하지만 여기서 잠깐 생각해보자. 장난감 제작자, 또는 이 선물을 준 사람은 청소기로 먼지를 빨아들이는 흉내를 내며 놀면 소피의 상상력에 지나친 부담을 준다고 생각한 것일까? 소피는 방이 더럽다고 생각해서 청소 놀이를 하는 것일까? 아니다! 소피는 단지 어른이 하는 일을 따라 하고 싶을 뿐이다. 실제로 동작하는 청소기는 필요 없다. 가끔 소피가 정말로 청소를 하고 싶다면 빗자루나 집에 있는 청소기로도 충분히 만족할 것이다.

만약 화가가 아이라면?

작업 중인 화가가 있다고 치자. 이 화가는 자신이 그리고 싶은 그림에 대해 명확한 이상을 가지고 스케치를 한다. 한 친구가 찾아와 뒤에서 그 모습을 잠시 지켜본다. 그러더니 갑자기 밖으로 나갔다가 한 시간 뒤에 돌아와서 화가가 그리던 것과 비슷한 장면을 담은 유화를 내민다.

"이것 좀 봐! 이 그림 너 줄게. 그러면 이제 애써서 그림을 그리지 않아도 되잖아."

친구는 뿌듯한 표정으로 감사의 말을 기다린다. 화가는 친구가 내민 그림을 발로 차서 뚫어버리고 옆으로 내던진다. 그리고 그 친구와 당장 절교하기로 마음먹는다.

또는 화가가 자신감이 부족한 사람이라면 어깨를 늘어뜨리고 자기 스케치를 박박 찢어 쓰레기통에 버린 다음 애초에 자신이 왜 화가가 되려고 했는지 고민할지도 모른다.

이제 화가가 아이라고 상상해보자. 신발을 전화기 삼고 신발 끈을 전화선 삼아 놀이에 열중하던 아이가 플라스틱 전화기를 받았을 때의 기분을 짐작할 수 있으리라. 무언가를 창조하고자 하는 아이의 욕구는 존중받아야 한다.

어느 날 나는 장난감 가게에서 커다란 흰색 도화지를 찾고 있었다. 할머니가 들어와 곧 6세가 되는 손자에게 줄 선물을 사고 싶다고 했다. 자동차 제조사며 모델명을 훤히 꿰고 계신 듯했다. 장난감 자동차가 진열된 벽 선반을 살펴보더니 점원에게 다가갔다.

"다른 모델은 없나요?"

할머니는 다소 실망한 듯 물었다.

"여기 있는 게 전부입니다. 마음에 드는 게 없으세요?"

점원이 대답했다.

"광고에 나온 새 구급차는 없나요? 진짜 사이렌 소리 나는 것 말예요."

"죄송합니다만, 아직 안 들어왔네요. 하지만 다른 구급차는 많이 있어요. 어디 보자, 이게 잘 나가는 제품이에요. 진짜하고 똑같이 들것도 딸려 있어요."

할머니는 점원이 가리킨 구급차를 찬찬히 들여다보았다.

"아뇨, 그건 손자가 벌써 갖고 있어요. 여기 있는 모델은 전부 있어요. 새로 나온 게 갖고 싶대요."

점원과 나는 말문이 막힌 채 할머니를 바라보았다. 나는 새 모델 자동차 대신 단순한 나무 자동차를 사주면 아이가 다양한 방법으로 가지고 놀 수 있다고 쭈뼛쭈뼛 말을 건네보았다. 하지만 할머니는 들은 척도 않고 가게를 나섰다.

어느 정도 나이에 이르면 수집에 열을 올리기도 하지만, 이 할머니의 손자는 그러기에는 너무 어렸다. 소비적 사고의 희생양이 된 것이다. 예술가여야 할 나이에 수집가로 변해버렸다. 이 아이의 방은 창조적 작업실이 아니라 박물관에 지나지 않는다.

아이가 진정 원하는 것이 뭘까?

나는 또 다른 장난감 가게에 들렀다. 점원에게 단순하게 생긴 목제 버스를 찾는다고 말했다. 점원은 곰곰이 생각하더니 추천 상품이라며 모형 버스 하나를 보여주었다.

"볼보 버스입니다. 진짜하고 완전히 똑같죠. 볼보에서 인증도 받았대요."

"하지만 저는 단순한 버스를 사고 싶은데요. 긴 나무토막에 바퀴가 달려 있고 버스의 특징을 잘 보여주면서 너무 정교하지 않은 물건이요."

점원은 어처구니없다는 듯 나를 쳐다보았다.

"그렇지만 손님, 그런 물건은 취급할 수가 없어요. 진짜 같아야 팔리거든요! 다들 실물 모형을 좋아해요. 그게 애들이 원하는 거예요!"

나는 고맙다고 말하고 자리를 떴다. 그게 아이들이 원하는 것이라…. 아이들이 자기가 갖고 싶다고 말하는 것들이 진정 원하는 것일까? 아이는 자신에게 무엇이 가장 좋은지 항상 알지는 못한다. 그래서 부모가 필요하다. 열이 펄펄 끓는 아이가 밖에 나가 자전거를 타고 싶다고 조르기도 하지 않는가.

지쳐버린 부모는 '정 갖고 싶다면 사줘 버리자. 그러면 떼를 쓰지 않겠지'라며 종종 쉽게 포기하고 만다. 하지만 아이는 자신이 몰두할 수 없는 장난감에 무의식적으로 실망한다. 그래서 장난감 차를 샀지만 곧 싫증을 내며 다른 것을 갖고 싶다는 말을 꺼낸다.

"아니, 그 차는 사주지 않을 거야"라고 말하는 것은 잔인한 처사가 아니다. "대신 집에 가서 엄마, 아빠하고 재미있는 일을 찾아보자"라고 덧붙이기만 하면 된다.

아이의 선택에 가이드를 줄 것

어린이, 특히 학교에 가기 전인 아이는 돈이 없지만 생일처럼 특별한 날에는 용돈이 생기기도 한다. 그러면 아이는 소비자가 된다.

올리비아는 만 5세다. 아빠는 크리스마스에 할머니에게 받은 용돈으로 사고 싶은 것을 사라고 올리비아를 장난감 가게에 데려간다. 올리비아는 하나를 골라야 하지만 가게에는 엄청나게 많은 물건이 있어서 선택할 수가 없다.

"보트가 좋아, 아니면 기차가 좋아?"

아빠가 참을성 있게 묻는다.

"둘 다요."

“하나만 살 수 있단다.”

“음, 음, 그러면 보트요.”

마침내 결정이 내려진다. 하지만 이것은 사실 선택이라기보다 추측에 가깝다. 올리비아는 자기가 보트를 더 원하리라고 추측할 뿐이다. 집에 돌아와 올리비아는 엄마에게 말한다.

“엄마, 다음번에는 기차 사도 돼요?”

엄마는 올리비아가 만족할 줄을 모른다고 생각한다.

사실 아이는 현재에 완전히 집중해 살아가는 탓에 미래에, 심지어 단 한 시간 뒤에 자신이 어떻게 느낄지 예상하지 못한다. 정말로 선택하는 능력을 길러주고 싶다면 하나를 골라도 나머지를 완전히 포기하지 않아도 되는 상황을 제공하자.

“어느 샌드위치 먼저 먹을래? 치즈 아니면 햄 샌드위치?”

이렇게 물으면 올리비아는 비교적 쉽게 고를 것이다.

장난감을 살 때처럼 단 하나의 선택지만 가능한 경우라면 아이에 대해 잘 아는 부모가 아이 대신 선택하는 것이 이치에 맞다. 때가 되면 올리비아는 갖고 싶은 물건을 사려고 돈을 모으는 법을 배울 테고, 그러고 나면 선택은 올리비아 몫이다.

교육용 완구의 환상에서 벗어날 것

오늘날 '교육적'이라고 광고하거나 교육에 좋다고 호평 받는 장난감이 많지만, 교육 완구란 단순히 아이에게 특정 기술을 훈련시키는 물건일 뿐이다.

만 3세인 재스민은 납작한 판에 뚫린 다양한 크기의 구멍에 각각 해당하는 굵기의 원통을 끼워 넣는 교육 완구를 받았다. 재스민은 열심히 원통을 끼워본다. 이 장난감의 취지는 몇 번, 또는 며칠 연습하면 구멍 크기에 맞는 원통을 척척 끼울 수 있게 된다는 것이다. 재스민은 새 기술을 익히게 된다. 하지만 이 기술을 완전히 익히고 나면 무엇이 남을까? 이 장난감은 더 이상 흥미를 끌지 못한다. 물론 누군가는 재스민에게 이와 비슷한 장난감을 몇 가지 더 사줘도 문제될 것은 없다고 말할지도 모른다. 물론 큰 문제는 없겠지만, 아이에게 교육적 장난감을 준다는 것은 어른이 임의로 고른 특정 기술을 배우라고 등을 떠미는 것과 마찬가지다. 이보다는 아이가 살아가며 자연히 맞닥뜨리는 과제를 통해 배우도록 놔두는 편이 훨씬 바람직하다.

재스민은 교육용 완구를 통해서 크기가 각각 다른 정육면체를 맞는 구멍에 끼우거나 작은 조각으로 피라미드를 쌓는다. 또한 여러 조각 가운데에서 특정 색깔이나 모양을 골라내고, 무게가 같은 것끼리 두 개씩 짝을 짓는 등 온갖 까다로운 기술을 연습한다. 한편 재스민은 생활 속에서 판자를 밟고 걸으며 균형을 잡거나 깡통에 공을 던져 넣으며 표적을 맞힌다. 그릇 안에 쿠키 반죽이 하나도 남지 않을 때까지 숟가락으로 싹싹 긁어내는 법을 배운다. 전자인 '교육적' 과제는 기성품 장난감에 의해 인위적으로 정해진 것이다. 반면 후자의 과제는 재스민이 하고 싶거나 할 수 있다는 생각이 들 때 자기 나름의 방식으로 하겠다고 스스로 선택한 것이다.

게다가 한쪽으로 치우친 기술만 훈련받은 아이는 자연스

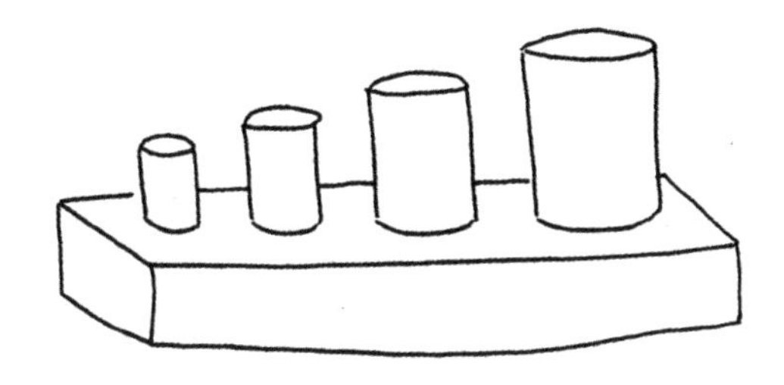

러운 다양성을 잃고 상상력과 감정 발달에도 좋지 않은 영향을 받을 위험이 있다. 나는 재스민이 구멍과 원통의 크기를 가늠하는 법을 배우는 데 교육적 장난감이 필요하다고 생각지 않는다. 립스틱이나 립밤 뚜껑을 닫고, 연필을 병 안에 꽂고, 베이킹파우더 통을 코코아 통 안에 넣어보면서 얼마든지 배울 수 있다. 또 재스민은 이유식 뚜껑을 잼 병에 덮고, 큰 냄비 안에 작은 냄비를 차곡차곡 쌓고, 크기가 다른 냄비 뚜껑을 한 줄로 늘어놓아 볼 수도 있다. 이런 식으로 재스민은 아기 때부터 온갖 구멍에 조그마한 손을 넣어보면서 거리와 크기를 판단하는 법을 익혀왔다.

어쩌면 재스민이 마당에서 균형을 잡으며 놀거나 2층 침대 위에서 커다란 베개가 가벼운 깃털보다 빨리 떨어지는지 알아보느라 한창 바쁠 때 부모님이 예쁘게 포장된 장난감을 들고 왔는지도 모른다. 틀림없이 재스민은 하던 일을 멈추고 퍼즐 같은 '교육적' 과제에 매달릴 것이다. 이 또래는 현재에 충실하며 쉽게 다른 곳에 정신을 빼앗기기 때문이다. 재스민이 퍼즐을 완성하면 어른들은 눈에 보이는 깔끔한 결과물에 흡족해한다. 반면 바닥에 흩어진 베개와 깃털은 어른에게 어질러 놓은 것으로 보일 뿐이다.

어른과 아이의 관점 사이에 커다란 차이가 있음을 보여주는 예를 더 살펴보자. 저녁 식탁에서 아이가 끊임없이 의자를 뒤로 기울여 젖히면 어른은 식사 예절에 어긋난다며 나무라지만, 실제로 이런 행동은 균형 감각을 훈련하기에 매우 좋은 방법이다. 또 어떤 아이는 계속 바닥에 배를 깔고 기어 다니거나 까치발을 하고 걸을지도 모른다. 어른은 "그거 말고는 할 일이 없니?"라고 묻겠지만, 실제로 아이는 누웠을 때 자기 몸이 얼마나 길어지는지 조사하고 발끝으로 균형을 잡는 훈련을 하는 중이다.

가상세계보다 현실을 탐구하게 할 것

마지막으로 요즘 어린이들이 쉽게 접하는 태블릿 피시나 스마트폰에 대해 간략히 짚고 넘어가도록 하자. 어린아이에게 이런 기기를 허락하는 것은 어른이 생각하는 가치를 아이에게 투사하는 행동에 지나지 않는다. 사용하기 쉬운 태블릿 피시가 보여주는 이미지는 물론 매력적이지만, 아이는 자신의 감각을 십분 활용해 현실 세계를 탐색하면서 훨씬 많을 것을 얻는다. 그럼으로써 아이는 10대가 되었을 때 성숙하고 창조적인 방식으로 디지털 미디어를 활용할 기반을 닦을 수 있다.

7장 요약

- 놀이는 아이의 일에 해당한다. 그러나 이 일은 아이가 자신의 성장을 위해 자기 힘으로 해내는 것이어야 한다.
- 아이가 요리 놀이를 할 때 실물과 비슷한 모형 가스레인지는 필요 없다. 그런 물건은 아이의 상상력에 방해가 될 뿐이며, 빈 상자면 충분하다.
- 아이는 예술가와 같으며 놀이를 통해 삶을 경험한다. 아이들에게 기성품 장난감을 강요하지 말고 그들의 창의성을 존중해야 한다.
- 창작자가 되지 못하고 수집가로 변해버리는 아이들도 있다.
- 아이가 항상 자신에게 무엇이 가장 좋은지 알 것으로 생각해서는 안 된다.
- 아이가 반드시 둘 중 하나를 택해야 하는 상황을 만들지 말자. 그런 상황이 오면 부모가 아이 대신 선택해주는 편이 좋다.
- 아이가 자유롭게 놀면서 삶의 일부로서 자연스럽게 등장하는 과제를 스스로 택해 해결하게 하자. 가만히 앉아 지적 문제 해결에 집중하도록 유도하지 말자.

8장

좀처럼 놀지 못하는 아이라면

지루해하고 의욕이 없을 때

주말 오후 온 가족이 집에 모여 있다. 하지만 만 6세인 콘래드는 놀려고 하지 않는다. 아무것도 하고 싶지 않은 듯 침대 위에 벽을 보고 누워 엄지손가락을 빨면서 가끔 불만스러운 소리를 낼 뿐이다.

콘래드를 도우려면 부모는 어떤 방법을 써야 할까?

1. 잔소리를 한다.
"침대에 누워만 있지 말고 뭐라도 좀 해!"
2. 콘래드 옆에 앉아 쓰다듬어 준다. 왜 기분이 좋지 않은지 물어

볼 수도 있다.

“왜 그러니? 이번 주에 학교에서 무슨 일 있었어? 뭐 필요한 거라도 있니? 엄마가 기분 상하는 말했어? 아니면 아빠한테 화났니? 동생이 귀찮게 했니? 어디 아픈 데 있어? 뭐가 문제인지 말을 해, 소리만 지르지 말고! 대체 왜 그러니? 엄마는 도와주려는 건데!”

3. 콘래드의 방으로 뛰어들어가 블록 세트를 꺼내서 몹시 즐거운 듯 조립하기 시작한다.

“이리 와서 트럭 만드는 것 좀 도와줘! 이거 진짜 재미있겠다.”

4. 다른 방에서 콘래드의 문제에 관해 이야기를 나눈다. 텔레비전을 너무 많이 보지는 않는가? 어른이 집안일을 하는 모습을 콘래드가 열심히 지켜보는가? 가족이 일할 때 콘래드를 자주 참여시켜주었나? 가족이 하는 활동 가운데 콘래드의 몫이 있기는 한가? 아빠, 엄마가 어디에서 무슨 일을 하는지 콘래드가 알고 있는가? 창조적 놀이를 할 만한 재료가 있는가? 아니면 너무 많은 물건을 갖고 있지는 않는가?

5. 콘래드가 흥미를 보일 만한 일, 이를테면 망가진 창문 걸쇠를 고치기 시작한다. 몹시 어려운 일이라고 강조하며 특정 도구, 예를 들어 콘래드가 가지고 있는 펜치가 있으면 훨씬 쉬울 거라는 말을 흘린다.

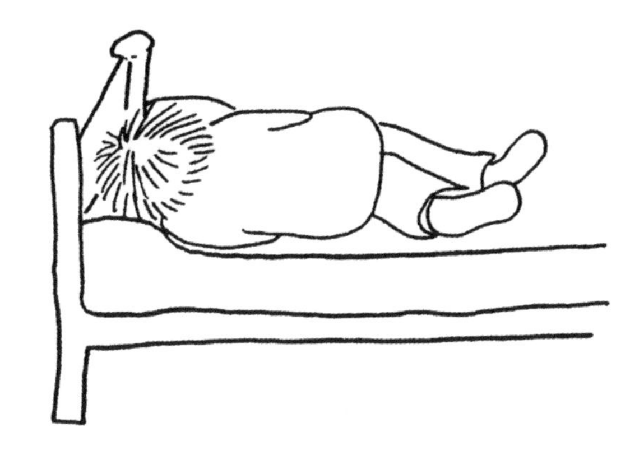

여태까지 나온 방법을 하나씩 살펴보자. 첫 번째 방법은 거의 효과가 없다. 잔소리로는 별다른 변화를 기대하기 어렵다.

두 번째 방법은 나쁘지 않다. 옆에 앉아 쓰다듬어 주면 콘래드는 부모가 자기를 아끼고 이해해준다는 느낌을 받는다. 하지만 굳이 무언가를 말할 필요는 없다. 곁에 조용히 앉아 콘래드에게 스스로 자기 문제를 이야기할 기회를 주면 된다. 부모가 질문 세례를 퍼부으면 콘래드는 혼란에 빠질 뿐이다. 부모가 하는 말이 모두 그럴듯하게 들리는 바람에 콘래드는 자기 상황에 대해 생각하면 할수록 불안해진다. 그래서 부모가 제시한 선택지 중 몇 가지를 대충 골라버리기도 한다.

"그래요! 엄마, 아빠한테 화났고 동생은 짜증나고 배도 아프고 학교 가기 싫어요."

하지만 이 가운데 어느 것도 정답이 아닐 수 있다. 아이에게 자기 삶이 어떤 상태인지 분석하라고 해서는 안 된다. 남의 시선을 의식하지 않고 자연스럽게 살아야 하며, 그렇지 못하면 가식적이고 약삭빠르게 변할 우려가 있다.

세 번째 방법은 나름대로 장점이 있다. 아이와 함께 노는 것은 긍정적 행위인 만큼 말보다 효과적일 때가 있다. 하지만 놀이는 원래 순수한 충동에서 비롯되어야 한다. 부모가 의식적으로 과장된 태도를 보인다면 콘래드는 아마도 부모의 저의를 알아챌 것이다.

아이를 즐겁게 해주려고 바닥을 기며 우스운 소리를 내는 일이 잦으면 아이가 부모를 어릿광대나 탈것 정도로 여길 위험이 있다. 또 놀이를 할 때 어른에게 지나치게 의지하려고 하는 버릇이 생긴다. 아니면 흥분해서 뛰어오르고 매달리고 꼬집고 간질이며 부모의 인내심을 시험하기 시작할지도 모른다. 그러면서도 아이는 내심 묘한 불편함을 느낀다. 본래 아이는 부모를 존경할 수 있기를 바라기 때문이다.

네 번째와 다섯 번째는 하나로 합칠 수 있으며, 내 생각에는 이것이 가장 바람직한 방법이다. 부모는 하루 일과가 끝나면 오늘 콘래드가 어땠는지, 어떤 표정을 짓고 어떻게 행동하고 어떤 목소리로 말했는지 생각해보면 된다. 아이가 기분이 나빠진 이유를 찾으려 할 필요는 없다. 분석하려 들지 말고 그저 콘래드가 눈앞에 있다고 상상하며 아이에게 집중한다. 이 방법은 아이뿐 아니라 평상시에 접하는 사람 누구에게나 적용 가능하다. 이 방법은 자신의 태도에서 바꿀 수 있는 무언가를 발견하도록 도와준다. 어쩌면 콘래드의 부모 자신이 지루한 상태인지도 모르며, 그렇다면 콘래드가 지루해하는 것도 무리가 아니다.

아이를 떠올리다 보면 다른 이유를 발견할 수도 있다. 콘래드가 텔레비전를 너무 많이 본 탓에 노는 법을 잊은 것일까? 남이 즐겁게 해주는 데에 지나치게 익숙해진 것은 아닐까? 만약 그렇다면 12세가 될 때까지 텔레비전를 끊는 방법을 추천한다. 어쩌면 장난감이 너무 많이 쌓인 탓에 방이 답답해져 버린 것은 아닐까? 그렇다면 콘래드는 잔뜩 어질러진 방에서 벗어나고 싶을 것이다. 부모가 먼저 이렇게 제안해보자.

"이제 필요 없어진 물건이나 망가진 물건을 같이 정리해볼까? 상자에 넣어서 다락에 가져다 두면 돼."

콘래드는 방에 혼자 있기가 외로운지도 모른다. 그렇다면 부모가 콘래드 방으로 다리미판을 가져와 다림질을 하거나 옆에 앉아 책을 읽거나 바느질을 하면 된다. 무슨 일을 하든 다른 사람이 옆에 있는 편이 더 재미있다. 콘래드는 늘 엄마, 아빠 곁에 있고 싶어서 부모가 있는 거실로 장난감을 가져와 놀았다. 부모도 이와 똑같은 방식으로 애정을 표현할 수 있다.

6세 아이는 대개 엄마나 아빠가 무언가를 잘 모르거나 서툴러 보이면 끼어들고 싶은 마음을 억누르지 못하며, 어떻게 해야 하는지 보여주기를 좋아한다. 펜치를 꺼내 부모가 창문 걸쇠 고치는 것을 도울 수 있다면 콘래드는 기꺼이 그렇게 할 것이다. 그러면 콘래드가 방으로 들어가 버리기 전에 부모는 다른 것을 고치거나 옮겨야 한다는 말을 꺼내면 된다. 예를 들어 콘래드 방에 있는 가구의 위치를 바꾸거나 다락에서 무언가를 가져와야 한다고 말해 보자. 콘래드는 함께 일하며 생기를 되찾을 것이다.

사실 쉬운 일은 아니다. 오늘날 많은 아이들이 의욕 상실을 겪는다. 모험심을 잃고 피곤해하며 하고 싶은 일을 떠올리지 못하고 누군가가 끊임없이 즐겁게 해주기만을 기다린다. 이런 아이들은 시작한 일을 반드시 마무리하며 의욕을 유지하는 연습, 그리고 자신이 능동적으로 무언가를 하고 싶어지는 환경이 필요하다. 의욕이 없던 아이가 모처럼 하고 싶은 일을 생각해냈을 때 '안 돼'라고 대답하는 것은 금물이다. 그러나 아이에게 위험한 것이 가득한 현대 사회에서는 안 된다고 말할 수밖에 없을 때가 많다. 나무가 있는 야트막한 언덕이 있다면 이상적일 것이다. 아이에게는 즐겁게 노래를 부르거나 공방에서 공예 작업을 구경하거나 직접 작은 과제를 기획해 수행하는 활동, 그리고 무엇보다 아늑하고 행복한 집이 필요하다. 생각이나 감정과 마찬가지로 의욕도 발달시킬 수 있으며, 그러려면 적절한 활동과 환경이 뒷받침되어야 한다.

산만하거나 부모에게 의존적일 때

7세인 니키를 만나보자. 어른들은 니키가 머리를 휘날리며 빙글빙글 돌고 손을 마구 휘젓는 모습을 불안스레 바라보며 상상력이 지나치게 풍부한 아이라서 그렇다고 말한다. 니키는 흥분으로 몸을 떨며 쉴 새 없이 떠든다.

"그다음에 우리가 달나라 로켓을 타고 날아가다가 이렇게 떨어지고, 그래서 몽땅 콰광! 펑! 하고 터져버렸어요! 그런데 어쨌든 우리는 달에 내렸어요. 그래서…. 어, 진짜 멋진 칼이다! 우와, 이렇게 휙 던져보자! 끝내준다! 저런, 의자에 박혀버렸어요! 이 칼 진짜 좋다! 아무튼 이제 나는 세상에서 제일 빠른 레이싱 카를 타고 쉭 하고 달려가서 우승할 거예요. 엄마, 근데 나 진짜 배고파요. 샌드위치 먹고 싶어요. 언제 만들어 줄 거예요? 그리고 있잖아요. 엄마, 어제 어떤 남자애가 여기를 발로 찼어요…."

니키는 놀 줄을 모른다. 스스로 고안해서 독창적인 무언가를 창조할 줄 모르기에 사실 그다지 상상력이 풍부한 것도 아니다. 아마도 지나치게 많은 감각 인상에 짓눌린 탓에 불안정하고 자신이 없으며, 폭력을 통해 자신을 증명하려는 경향을 보이는지도 모른다. 텔레비전 또는 컴퓨터 게임 등의 매체에 나타나는 폭력에 민감하게 영향을 받은 것이다.

갖가지 감각 인상은 니키의 머릿속에서 어지럽게 춤을 춘다. 니키는 그것들을 어떻게 해야 할지 모른다. 마음을 어지

럽히는 심상에서 자신을 보호할 유일한 길은 그것들을 말로 표현해 객관화하는 방법뿐이다. 니키는 자기가 말하는 섬뜩한 이야기를 엄마가 전부 들어주기를 바란다. 엄마가 자기 마음속에서 어떤 일이 벌어지는지 알아주기를 원하기 때문이다. 엄마를 놀라게 하려는 게 아니다. 오히려 엄마가 무서운 환영을 몰아내고 대신 사랑과 따스함을 주기를 기대한다.

모든 아이가 그렇듯 니키도 이 세상이 좋은 곳이기를 바란다. 실은 그렇지 않다는 증거에 반복해서 노출되면 니키의 내적 균형이 흐트러지고 삶에 대한 의욕이 손상을 입는다. 어린 시절에는 되도록 신문이나 텔레비전를 통해 끔찍한 현실을 접하지 않도록 보호받아야 한다. 니키가 자라 정신적으로 강해지면 부모는 세상을 더 나은 곳으로 바꾸고 싶다는 의욕을 심어줄 수 있다. 그때가 되어야 남에게 공감하고 세상을 이해할 만한 에너지가 생긴다.

하지만 지금으로서는 니키가 자기 자신을 받아들이고 상상력을 발휘하도록 돕고 싶다면 부모는 니키를 어른과 똑같이 대해서는 안 된다. 니키는 아직 세상에 대해 책임을 질 필요가 없으며, 무거운 부담은 당분간 온전히 어른들의 몫이다.

넓은 세상으로부터 보호받지 못하면 니키는 마음 놓고 놀 수가 없다.

덧붙이자면 나는 아이가 모든 부정적인 현실로부터 보호받아야 한다고는 생각지 않는다. 만약 가족에게 직접 불행한 일이 일어난다면 아이라도 어느 정도는 사실을 알 권리가 있다. 그런 일은 가족이 끌어안고 살아가야 하는 현실이기 때문이다.

동화에는 갈등을 이겨낼 수 있는 힘이 있다

동화는 어떻게 인간의 선한 면이 내면의 악에 맞서 승리하는지 보여주는 좋은 예를 담고 있다. 어른이 동화를 진지한 태도로 대한다면 아이는 몇 번이고 선이 악을 물리치는 이야기를 들으며 즐거워할 것이다. 아이는 늑대가 주인공을 잡아먹고 괴물이 왕자를 돌로 변하게 하는 무서운 이야기도 두려움 없이 들을 수 있다. 이야기 속의 늑대는 진짜가 아니라 자신의 탐욕스러운 본능, 다시 말해 마음속에 사는 사나운 짐승을 가리킨다는 사실을 무의식적으로 알아채기 때문이다.

반면 읽어주는 사람이 이야기 밑에 깔린 상징을 이해하지 못하고 괴물은 허구의 존재이며 궁전은 왕권 유지를 위한 선전 도구일 뿐이라고 여긴다면 동화는 아이에게 별 의미를 전달하지 못한다. 위험하고 설명할 수 없는 것을 접했을 때 흔히 그렇듯 동화를 듣고 악몽을 꿀 수도 있다. 하지만 이야기에 담긴 옛 지혜와 인간의 마음에 대한 성찰을 염두에 둔 채로 들려주는 동화는 아이에게 매우 긍정적인 영향을 미친다. 거의 모든 동화는 행복한 결말로 끝을 맺으며, 이는 힘겨운 내적 갈등에서 결국 선한 의지가 승리한다는 것을 보여주기 때문이다.

낭만과 환상이 주를 이루는 고전 동화는 살아가는 세계를 반영하지 못하므로 현대 어린이에게 들려줄 이야기로 알맞지 않다고 말하는 사람들이 꽤 많다. 하지만 나는 거의 모든 어린이가 자기 마음속 풍경 안에 있는 작은 집에서 살아간다고 생각한다. 아이가 그리는 집 그림이 그 증거이다. 아파트에서 자랐어도 마음속에 작은 오두막을 간직하고 있다. 이 오두막은 아이 자신의 몸을 상징한다. 조금 더 커서 오두막을 벗어나 더 넓은 세상으로 나간 다음에야 다양한 형태의 집을 그리기 시작한다.

동화는 인간의 내면에서 일어나는 일을 묘사한다. 모두의 마음속에는 심술궂은 표정으로 거울을 들여다보는 못된 계모가 산다. 악한 본능이 자아를 호시탐탐 노리듯이 동화에서도 어두운 구석에 웅크린 괴물과 용 또는 사악한 마법이 왕자를 제압하기 위해 노린다. 냉정하게 이해득실을 따질 때면 얼음 괴물이 부하들을 이끌고 나타나 마음속 풍경을 눈보라로 뒤덮는다. 가슴 깊이 따스함을 느끼고 남을 위해 자신을 희생할 때면 향기로운 과일이 가득한 과수원 문이 열리고 왕자와 공주가 재회한다. 인격의 두 개 측면이 조화롭게 결합한다는 뜻이다.

앞서 니키의 예에서 알 수 있듯 지나친 현실성은 아이에게 좋지 않은 영향을 미친다. 전쟁과 폭력을 다룬 텔레비전 프로그램에 노출되어서는 안 된다. 대부분이 직접경험하는 일이 아니기 때문이다. 텔레비전은 아이의 삶, 다시 말해 가정환경이나 개별적 인간관계와 아무 접점도 없을 때가 많다. 마찬가지로 만 3~7세 아이에게 매우 사실적인 책을 읽어주는 것은 별로 도움이 되지 않는다. 예를 들어, 아파트에 살며 부모가 자주 싸우는 아이 이야기라든가 병원이나 남극이 실제로 어떤 곳인지와 같은 내용은 아이가 직접경험하는 삶과 연관이 없다. 아이에게 인간 내면이 어떻게 작동하는지 알려주고 싶다면 고전 동화나 직접 만들어낸 짧은 이야기를 들려주고 아이의 질문에 귀를 기울이는 방법이 가장 좋다. 아이는 동화가 전하는 심상과 은유를 가슴에 간직한 채 성장한다. 이러한 심상은 자신의 내적 갈등을 해결하려 애쓰는 순간에 도움을 준다. 동화의 긍정적 분위기 안에서 성장의 더듬이를 한껏 뻗을 수 있다. 그러나 비관주의와 고통을 반복해서 접한다면 아이는 뻗었던 더듬이를 거두며 마음의 문을 닫고 손가락을 빨기 시작할 것이다.

이제 니키에게로 돌아가 보자. 어떻게 하면 니키를 도울 수 있을까? 우선 니키가 손을 사용하는 실용적 활동에 흥미를 갖도록 유도하는 방법이 있다. 바닥 청소나 창문 닦기, 빵 굽기, 찰흙 공예, 톱질과 못 박기, 가구 페인트칠, 그림 그리기 등이 좋은 예이다.

부모가 니키의 두려움을 이해한다는 사실을 간접적으로 알려주어도 좋다. 예를 들자면 위험한 세계에 발을 들여 용과 무시무시한 괴물을 만나고 결국 공주를 구해내는 소년의 이야기를 들려주는 것도 한 방법이다. 니키는 텔레비전에서 본

이미지와는 달리 동화 속 심상에서는 압도당하는 느낌을 받지 않을 것이다. 이야기를 들을 때 니키는 무서운 이미지에서 자신을 지킬 수 있다. 자기 내면의 세계가 감당할 수 있을 만큼만 무서운 용을 상상하기 때문이다.

8장 요약

- 콘래드와 비슷한 아이인 경우 : 차분히 아이의 상황을 분석한다. 아이에게 질문을 퍼붓거나 상황을 스스로 분석하라고 해서는 안 된다. 아이가 가족의 사랑과 유대를 느낄 수 있도록 배려하자.
- 만 7세 이하 어린이에게는 말보다 행동이 효과적이다. 도전할 만한 과제를 제시해 아이의 흥미를 일깨우자.
- 아이가 의욕을 강화하고 발달시킬 수 있도록 돕자.
- 니키와 비슷한 아이인 경우 : 이런 아이들은 지나치게 많은 감각 인상을 받아들인 탓에 머릿속을 맴도는 수많은 심상에 압도당한다.
- 아이의 경험을 정화해주자. 텔레비전 시청을 줄이거나 가능하다면 아예 끊는다. 도움이 되지 않는 외부적 이미지 대신 내적 이미지를 제공하자. 고전 동화나 직접 만든 이야기, 타인과 함께 지내는 시간이 아이에게 도움이 된다. 차분하고 규칙적인 일상도 중요하다.
- 아이의 삶이 현재에 뿌리내릴 수 있도록 돕자. 영상이나 책을 통한 간접경험 대신 직접경험하게 하자. 할 수 있는 집안일을 돕고 손을 써서 직접 일하도록 유도하자.

읽어볼 만한 책

라히마 볼드윈 댄시 지음, 강도음 옮김, 《당신은 당신 아이의 첫 번째 선생님입니다》, 정인출판사, 2016년 6월.

프레야 야프케 지음, 윤선영 옮김, 《우리 함께 놀자: 3-6세 유아를 위한 모둠놀이》, 창지사, 2008년 11월.

프레야 야프케 지음, 윤선영 옮김, 《발도르프 킨더가르텐에서의 놀이와 작업》, 창지사, 2000년 5월.

Diana Crossley, 《Muddles, Puddles and Sunshine》, Hawthorn Press.

Freya Jaffke, 《Celebrating Festivals with Children》, Floris Books.

Freya Jaffke, 《Toymaking with Children》, Floris Books.

Iona and Peter Opie, 《Children's Games in Street and Playground》, Floris Books.

Karin Neuschutz, 《Creative Wool》, Floris Books.

Karin Neuschutz, 《Making Soft Toys》, Floris Books.

Karin Neuschutz, 《Sewing Dolls》, Floris Books.

Lynne Oldfield, 《Free to Learn》, Hawthorn Press.

Sally Jenkinson, 《The Genius of Play》, Hawthorn Press.

아이는 자유로울 때 자라난다

초판 1쇄 인쇄일 2018년 11월 7일
초판 1쇄 발행일 2018년 11월 20일

지은이 카린 네우슈츠
옮긴이 최다인
펴낸이 정은영
편집 고은주 한지희
디자인 이다은
마케팅 한승훈 이혜원 최지은
제작 이재욱 박규태

펴낸곳 꼼지락
출판등록 2001년 11월 28일 제2001-000259호
주소 04047 서울시 마포구 양화로6길 49
전화 편집부 (02)324-2347, 경영지원부 (02)325-6047
팩스 편집부 (02)324-2348, 경영지원부 (02)2648-1311
이메일 spacenote@jamobook.com

ISBN 978-89-544-3920-6 (13590)

잘못된 책은 구입처에서 교환해드립니다.

꼼지락은 "마음을 움직이는(感) 즐거운(樂) 지식을 담는(知)"
㈜자음과모음의 실용에세이 브랜드입니다.

이 도서의 국립중앙도서관 출판예정도서목록(CIP)은 서지정보유통지원시스템 홈페이지
(http://seoji.nl.go.kr)와 국가자료공동목록시스템(http://www.nl.go.kr/kolisnet)에서
이용하실 수 있습니다.(CIP제어번호: CIP2018034530)

이 책의 일부는 아모레퍼시픽의 아리따글꼴을 사용하여 디자인 되었습니다.